ANXIETY RELIEF FOR TEENS

Essential CBT Skills and Mindfulness
Practices to Overcome Anxiety and Stress

高效抗焦虑手册

【美】雷吉娜·加兰蒂（Regine Galanti）◎著
屈笛扬◎译

中信出版集团 | 北京

图书在版编目（CIP）数据

高效抗焦虑手册 /（美）雷吉娜·加兰蒂著；屈笛扬译 . -- 北京：中信出版社，2022.10

书名原文：Anxiety Relief for Teens

ISBN 978-7-5217-4480-4

Ⅰ . ①高… Ⅱ . ①雷… ②屈… Ⅲ . ①焦虑－心理调节－青少年读物 Ⅳ . ① B842.6-49

中国版本图书馆 CIP 数据核字（2022）第 104565 号

高效抗焦虑手册
著者：　［美］雷吉娜·加兰蒂
译者：　屈笛扬
出版发行：中信出版集团股份有限公司
（北京市朝阳区惠新东街甲 4 号富盛大厦 2 座　邮编　100029）
承印者：北京诚信伟业印刷有限公司

开本：880mm×1230mm 1/32　印张：6　字数：70 千字
版次：2022 年 10 月第 1 版　印次：2022 年 10 月第 1 次印刷
京权图字：01–2021–6594　书号：ISBN 978–7–5217–4480–4
定价：59.00 元

服务热线：400–600–8099
投稿邮箱：author@citicpub.com

本书仅用于提供与主题相关的自助资料，不能替代临床诊断或临床治疗。在进行练习前请咨询临床医生或心理健康专家。出版商和作者对于任何需专业医疗工作者协助的健康需求概不负责。

目录

第二章

联结你的身体和心灵

第三章

学会管理你的负面情绪

第四章
学会改变你的想法

第五章
改变你的行为

引言

打造青春期焦虑管理工具包

每个人都有恐惧的东西——狗、当众演讲、细菌、迷路……不胜枚举。有适当的恐惧情绪是一件好事，它可以阻止我们冲入车流或者从高楼跃下。恐惧让我们活着。然而当恐惧开始妨碍你的正常生活，让你无法完成那些对你来说重要的事情时，问题就来了——恐惧往往会给你的人际关系、学业成就甚至人生蓝图带来不良影响。

作为一名临床心理学家，我致力于采用认知行为疗法（Cognitive Behavioral Therapy，简称 CBT）与正念技巧帮助青少年扭转这些负面影响。通过练习，这些技巧可以帮助你改善认知、行为、躯体反应，从而减轻焦虑。我坚信这些技巧是有效的，因为它们已经在不同领域得到了验证。我希望通过这本书帮助那些迷茫的、渴望重新掌控自己生活的青少年。

本书将阐述可以用来应对压力和焦虑的练习与相关技巧。

你可以用日记本、笔记本或者手机App来记录你的练习和进展。本书的练习包含以下三种类型：

⊕	聚焦：助你对症下药的测验
⁑	正念：助你面对当下的练习
ϟ	行动：助你掌控未来的工具

如何高效使用本书

选择适合你的方式即可。这是一本工具书，里面有很多具体的策略和技巧，有些技巧可能对你更有效。你可以通过定期练习，找到适合自己的方法。每个人的情况各不相同，我们的目标是，整合并创造出专属于你的焦虑管理工具包。

如果你还不知道从哪里开始，可以从小事做起，从最简单的练习入手，比如养成良好的睡眠习惯、定期锻炼，或者自我觉察并追踪你的情绪。不用刻意选择良辰吉日，不要总想着准备好了再去做，因为你很可能永远都准备不好。等待一个“完美的时间点”可能是回避和拖延的借口——这正是我们需要解决的问题。你需要在想到的那一刻就开始行动，哪怕你觉得还没准备好。

没有万能的应对方法。你需要先明确“我想改变什么”，再选择合适的练习和技巧来培养新习惯。焦虑并不是一夜间形成的，所以也不可能在一夜间消失。坚持练习，付出足够的时间和精力，小小的改变最终能给你的生活带来巨大的好处。

第一章

用认知行为疗法和正念练习重塑你的大脑

青少年需要同时面对大量的社会责任、学业任务和家庭义务。在压力和焦虑的夹击下，你还能应付这些事情，真是个奇迹！愿意花时间来阅读本书是最重要的第一步——这意味着你已经准备好做出改变。基于认知行为疗法（CBT）和正念疗法的相关练习将会助你做出改变，让你成为你想成为的人。首先，让我们退后一步，看看你真正想要改变的是什么。探索这一部分可能并不容易，但自我觉察是做出积极改变的第一步，也是非常重要的一步。

你为什么会焦虑？

焦虑比你想象的更加常见，它困扰着世界上大约 1/3 的青少年。这意味着，你的很多同学都在面对同样的困扰。研究人员指出，先天（遗传）和后天（环境）共同决定了焦虑产生的方式、时间和原因。先天影响很重要，因为焦虑具有遗传性；同时，生活中的压力事件，如搬家、父母离婚或失恋等环境影响也很重要。

有适当的焦虑情绪是好事。事实上，“恐惧”是人类祖先最早写进你基因里的保护机制——它是大脑在面对危险情况时产生的自然反应。我们甚至有一种生理反应叫“战斗–逃跑–冻结”，这种反应使我们在面对外界威胁时，能够自卫、逃跑或停下（想想被车灯吓到的小鹿）。这是一种人类的本能反应，让我们能够一代一代存活下来。然而，在真正的危险没有出现，战斗–逃跑–冻结的应激状态却被反复激活时，保护也可能变成负担。想一想：对狮子的恐惧可以让穴居人生存下来，但你与班上可爱的新同学说话时产生的恐惧或许并无益处。

聚焦

焦虑测试

处理说不清、道不明的问题很难，这个测试将会帮助你评估自己的焦虑类型。通过识别不同类型，你可以选择更合适的应对方式来控制焦虑水平。通常情况下，焦虑有不止一种表现形式，所以如果不止一种类型符合你的情况，或者某个类型的所有特征都符合你的情况，也请不要太过惊讶，这意味着你并不是唯一有这种感受的人。我知道下面有不少描述，请诚实作答，标出符合你实际情况的描述即可。

广泛性焦虑障碍

- □ 经常为生活中的不同事情感到担忧，比如健康、学业、友谊、恋爱或家庭
- □ 担心自己没有周围的朋友那么优秀
- □ 担心事情会不尽如人意

广场恐怖症

- □ 为了躲避不舒服或恐慌的感觉而待在家里
- □ 需要某个特定的人陪伴才能面对某些场景

特定恐怖症

□ 对一些特定的东西有强烈的恐惧，比如：

- 血或针头
- 狗或其他动物
- 风暴和恶劣天气
- 黑暗
- 高处或封闭的地方

社交焦虑障碍

□ 在不熟悉的人面前会很紧张

□ 跟不熟悉的人聊天会不舒服

□ 害羞

□ 在别人的注视下做某件事（大声读书、当众讲话、做运动）时会感到紧张

□ 去参加有不熟悉的人的聚会时会感到紧张

分离焦虑障碍

□ 害怕在外面留宿，或为与家人分开而焦虑

□ 更喜欢待在离父母近的地方

□ 担忧可怕的事情会发生在父母身上

□ 害怕一个人在家或独自睡觉

惊恐发作

- ☐ 医生已经确诊排除了器质性疾病，却反复产生不适感
- ☐ 不适感会突然出现
- ☐ 不适感突袭时，有以下症状：
    - 喘不过气
    - 濒死感
    - 失去控制感
    - 感到自己快要发疯
    - 心跳很快
    - 身体及双手在颤抖
    - 全身冒汗
    - 窒息感
    - 头晕

强迫症

- ☐ 我被无法摆脱的强迫思维所困扰。比如担心自己很脏或身上有细菌，担心别人会因为我做过或没做过的事情而受到伤害，或者担心我会做一些令人震惊的事情
- ☐ 我会控制不住地反复做一些事情，如数数、反复检查、反复清洗或整理东西

焦虑是怎样表现的？

焦虑有许多不同的形式，有些是生理表现，有些是情绪体验，有些只在特定情境下出现。现在你已经做了焦虑测试，下面是对测试中不同类型的焦虑的定义：

广泛性焦虑障碍的表现为，过度担心家庭、学校或友谊等日常问题，以及难以控制的焦虑感。你可能总会预估最坏的结果，比其他人更容易感到痛苦，比如为即将到来的考试、与朋友的争吵等焦虑。

社交焦虑障碍的表现为，害怕他人的负面评价或被他人拒绝。你可能担心自己表现得愚蠢或没有吸引力，因为害怕别人的眼光而回避社交活动或某些特定情境。

分离焦虑障碍的表现为，害怕与身边的人（通常是父母）分离。一想到要与他们分开就觉得焦虑，或者害怕分开后会发生不好的事情。

特定恐怖症的表现为，对某些事物或环境产生持续性的恐惧。这种恐惧常常与实际的威胁程度不相符，达到非理性的地步。常见的恐惧对象包括动物、昆虫、细菌、极端天气或封闭的空间等。对这些事物或环境感到不舒服是正常的，但大多数人能够面对它们并继续生活。如果你有恐怖症，你会不顾一切地想要逃离这些令人不舒服的事物、环境，哪怕你知道这种恐惧是不合理的。

惊恐发作是焦虑症的一种生理表现，突发的、强烈的、不舒服的身体症状会让你担心“我心脏病快犯了”或者“我要疯了”。发作过一次后，你可能会开始恐惧再次发生这种情况，这是惊恐障碍的典型症状之一。比如，**广场恐怖症**的表现是：因为太过担心惊恐发作，所以你不愿意去学校，不能离开家，或者只能去特定的地方。

强迫症的特点之一是，你总是卡在某种给自己造成困扰的想法中，例如“椅子上全是细菌”。

强迫的想法让你觉得你必须做一些事情，比如避开椅子或反复洗手，这被称为强迫行为。虽然强迫行为在短期内会让你感觉好一些，但它实际上会引发更多的强迫思维，让你更加焦虑，并引发更多的强迫行为。

通过这本书，你会了解到针对不同类型的焦虑的心理自助技巧。如何应用，请见附录。

认知行为疗法（CBT）和正念练习

认知行为疗法（CBT）是心理治疗的一种取向，通过改变想法（认知）和行动（行为），让你的生活变得更健康、更完整。CBT 的理念是“授人以鱼不如授人以渔”，目标是让你成为自己的咨询师。CBT 技巧注重实用性，以目标为导向，强调每日练习。

CBT 旨在改变认知或行为，也强调正念、觉察和接纳。你可能已经注意到了，当你感到焦虑时，脑子里一定塞满了烦躁和担忧——对过去的事情感到烦躁不安，或者对未来的事情充满担忧。正念练习可以让我们回到当下，专注于我们正在做的事情。自我接纳可以帮助你应对甚至接纳那些你无法掌控、无法改变、难以承受的情况或情绪。

这听起来可能有悖常理，因为你所体验到的焦虑正是你想逃避的，但事实上，恰恰是这种逃避导致了你的痛苦。集中注意力，关注当下，接纳那些不适感，最终你会发现，那些你曾经想要竭力逃避的想法和感受并没有那么令人难以承受。

CBT 的惊人疗效

既往研究证明，在一定程度上，CBT 适用于所有类型的焦虑。与此同时，CBT 也能够缓解其他负面情绪，比如抑郁或者愤怒。CBT 还能提升睡眠质量，缓解慢性疼痛，帮助饮食障碍患者和成瘾患者，协助人们有效控制肌肉抽动和皮肤搔抓等问题。

你想要挂一张照片怎么办？你得先有锤子。你想要组装家具怎么办？你得拿上电钻。我们的目的是，帮助你构建一个焦虑管理工具包。你如果有了充满多种方法的工具包，就有了面对大多数问题的能力。CBT 和正念疗法的技巧可以帮你面对大多数问题。只要启程，你就能向理想的自己靠近，拥有感受、认知、行动的能力。

CBT 的效果有时候甚至快到令我诧异。一名高二的学生在治疗中抱怨最近自己总是觉得胃部不适，然而她看了很多医生，却没有发现任何器质性疾病。随着交谈的深入，我们很快就发现了核心问题——担心胃部不适反而加重了她的不适感，并且她已经开始回避任何能让她想起胃部不适的情景。我们为她量身定制了一个逐步暴露的计划，通过使她暴露于不适的场景来帮助她面对恐惧。当感到焦虑快要袭来时，她就要采用相关的应对技巧。她的症状逐渐从一天一次变成一个月一次，与此同时，她说，处理焦虑比她想象中要容易多了。现在，症状再次袭来时，她已经能够独立应对，并且对新学到的技巧充满信心。

恐惧能够让我们保命

想象一下，你是穴居人高刚[①]。一天，你正躺在树枝堆上，忽然听到身后有窸窸窣窣的声音。你想："哦，应该是我的朋友格罗格，他采完浆果回来了。"于是，你完全没有转头看，只是继续躺在树枝堆上说："嗨，格罗格！到你值班了，准备好去洞穴巡逻了吗？"突然间，你发现那根本不是格罗格，而是一只老虎！你还没反应过来，老虎已经飞扑过来。太倒霉了！

现在想象一下另一个情景：你听到身后有窸窸窣窣的声音，随后，你感到头皮发麻，头发竖起，心跳加快，浑身出汗，肌肉紧绷。于是你迅速扫视洞穴周围，意识到灌木丛中可能有危险。"一定有危险。"你想，于是你立刻跑回安全的洞穴，躲开了老虎。啊，又是活着的一天！

对真实存在的危险来说，恐惧是有价值的、健康的，甚至可以挽救我们的生命。但是，对不危险的情况感到焦虑则会影响你的正常生活。想想烟雾报警器：发生火灾的时候，烟雾报警器能及时发出警报，提醒人们快速逃离或者灭火；然而如果烟雾报警器在没有火灾的情况下误报，那就是一种恼人的体验了。如果每次误报响起，你都以为真有火灾，拿起灭火器，冲出房子，打 119，最后却发现你只不过是烤焦了一片面包，这

① 高刚：迪士尼动画人物。——译者注

是一种什么样的体验？焦虑就是对危险的警报。我们的目标就是：学习某些策略，使我们有效地意识到，有些焦虑是假警报，而不是真火灾。

找到焦虑的诱因

CBT 将情绪拆分为三个部分：认知、躯体反应和行为。比如：你看到一只狗迎面而来，感到害怕——这是情绪；你想“狗可能会咬我”——这是认知；手心出汗，呼吸急促，心跳加快——这是躯体反应；于是，你跑到了马路对面——这是行为。你看，情绪、认知、躯体反应和行为之间相互影响，每一个部分都会维持或者加强你的情绪体验，每个部分都可能触发焦虑循环（见图 1-1）。

你需要知道的是，焦虑存在着一些诱因。然而我们的情绪反应往往是个自动化的过程，这使我们很难辨别具体诱因是什么。

改变其中一个部分——认知、躯体反应或行为——就可以帮助你打破这个恶性循环。回到上面的例子，如果想到的是“哇，好可爱的小狗”，你或许就不会跑到马路另一边了，也不会有那些明显的躯体反应。如果你不躲开那只小狗，而是继续

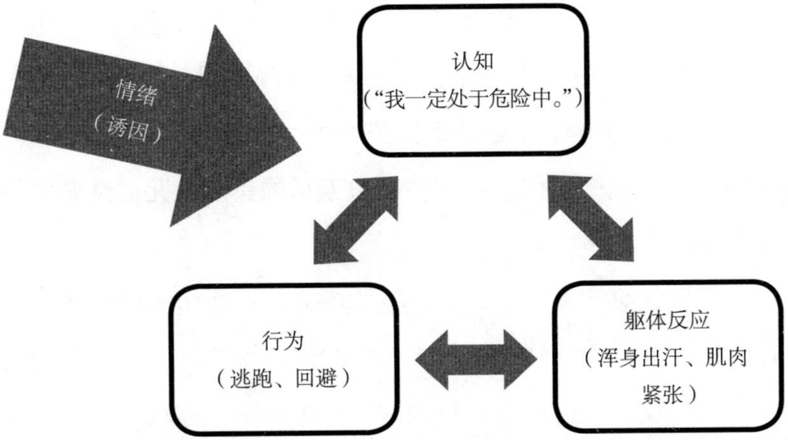

图 1-1　认知、躯体反应和行为的相互作用

走，你可能会慢慢意识到那只小狗是无害的，这也有可能在你下一次面对小狗的时候减轻你的焦虑感。

你可能会好奇：“为什么我从来没有注意到这些事情，这些看起来毫不相关实则紧密相联的因素？”那是因为当你处于负面情绪中时，恐惧和焦虑已经铺天盖地地笼罩了你。我们的目标就是帮助你冲破焦虑魔咒，将它拆解成碎片，逐个击破，而不是迷失其中。

让我们再举一个例子来帮你更好地理解这些因素之间是如何相互影响的：如果你发现自己浑身是汗，呼吸急促，你可能会想“啊，我的身体出了问题”。当你有这个认知时，你或许就会开始担心是不是出了什么事，与此同时，你可能会开始心跳加速或者肌肉紧绷。这些不愉快的躯体反应只能印证你的身体“真的出了问题”，因此你可能会试图做一些事情来摆脱这种感受。比如说，跑到厨房接一杯水喝。看起来这是一个蛮不错的行为，然而因为紧张，你不小心打碎了杯子，水洒了一地——看，逃避让你更紧张！图 1–2 可以帮助你更好地了解，这些永无止境的焦虑感，这种无边无尽的焦虑魔咒，是如何循环往复的。

如果你愿意停一下，观察躯体反应是如何影响你的认知和行为的，或许你会注意到，大多数时候，哪怕是最不舒服的认知或躯体反应都会逐渐自行消失。焦虑试图让你从不舒服的情境中逃离，避免面对这些情境。焦虑短期内虽然可以帮助你缓解这些感受，但是无法告诉你下次出现这种情况时应该如何处理。我们都知道，类似的情境很可能会再现。

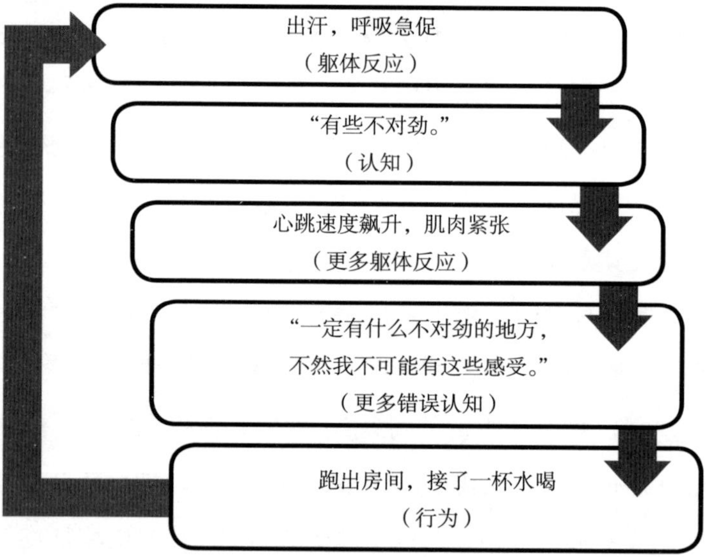

图 1–2　焦虑的恶性循环

逃避只会引发更多的恶性循环

比如说下个礼拜，你要交一篇论文，现在却毫无头绪。这件事情让你感到很焦虑。或许你会想："我永远也没办法按时完成了。"与此同时，你开始注意到自己的躯体反应——手心出汗，肌肉紧绷，胃部抽搐。这是我们提到的战斗–逃跑–冻结反应的表现，你的身体在用这种方式告诉你，你很焦虑。因此你选择把论文放在一边，打了个视频电话给朋友，聊了一整晚。你想："明天再开始写吧！"这让你感觉舒服多了。然而第二天到了，论文没有完成，截止日期没有消失，但是时间消失了，你没有足够时间去完成论文！你看，短期内逃避会让你感觉不错，但长期来看，逃避只会让你处境更难，感受更糟糕。

逃避会引发更多的恶性循环。虽然它可以在最短的时间内让你感觉好起来，但是副作用极多，会带来更多的不愉快——不愉快的认知和不愉快的躯体反应。举个例子，如果你因为要在全班同学面前演讲而感到焦虑，你当然可以跑出教室，逃过这次演讲。然而下次呢？下次你准备怎么办？下下次呢？你的同学会不会从此认为你就是一个"只要被叫到名字就会吓得跑出去"的女孩？在这种情况下，焦虑的魔咒已经不知不觉地笼罩了你的学生生涯。在第五章中，我们会更详细地讨论"回避"这种行为，以及相关的应对技巧。

保持觉察，控制焦虑

焦虑总有诱因，确定诱因是什么很重要。一个简单的自我提问或许可以帮到你：焦虑发作前发生了什么？诱因不一定是具体的事件（当然，也有可能是具体的事件），还可以是你的认知或者行为，认知、躯体反应、行为等中的任何一个都有可能引发焦虑的恶性循环。

好消息是，我们可以通过改变恶性循环中的任意一部分来控制焦虑。但是，因为长期受到焦虑和负面感受的困扰，你可能已经很难意识到自己何时、为何会陷入这种感受了。所以你可以试着像研究人员一样收集数据，用这种方式关注当下的想法和感受，从而更快速地抓住诱因，并且选择合适的应对技巧——我称之为“觉察”，或者“正念”。

诱因可能来自外在环境，也可能来自内在环境。外在环境指的是发生在你个人或你的身体以外的事情，比如与朋友争吵、考试、见医生等；内在环境指的是你的个人信念、想法或者身体反应。如果你无法确定这些触发因素是什么，你可以尝试使用“追踪焦虑”的练习，以便更好地厘清它们的来源。

寻求专业帮助

我希望通过本书让你学会帮助自己缓解焦虑，但是真正做起来仍然很难——这也并不奇怪，因为我们很难看到自己的盲点。如果焦虑已经严重影响了你的工作和生活，请尝试与身边值得信任的长辈谈一谈，比如你的父母、老师或者咨询师。

如果你有以下情况，那意味着你可能需要寻求专业帮助：

- 想要伤害自己
- 希望自己死去
- 感到失去希望
- 尝试通过饮酒或者吸烟来麻痹自己或者逃避负面感受
- 有自杀的想法

倘若你有想要死去或者伤害自己的想法，请务必寻求专业帮助。你可以拨打心理危机咨询热线。如果你考虑寻求心理咨询师的帮助，特别是使用 CBT 或者正念疗法的咨询师，请选择已取得相关资质认证的专业人员。

坚持练习，积极寻求帮助

你需要练习自己学到的技巧和方法，而不仅仅是阅读它们。练习就像穿上一双新鞋——最初可能有些夹脚，让你怀疑这双鞋子是否适合自己。新鞋子总需要穿几周才能完全合脚，练习也是。你需要参考下面的小提示，让练习效果最大化：

不要害怕寻求帮助。想一想生活中那些让你觉得有安全感的人，尝试让他们知道你的近况。他人的持续关注是一件很重要的事情，你可以请他们每隔一段时间确认一下你的近况。如果向他人倾诉对你有效，你也可以找一位擅长倾听的人。

当下的需求并不是一成不变的。你的需求会随着时间而变化。如果你曾经向父母寻求过帮助，现在却因为他们的反复询问而感到疲惫，你也可以让他们多给你一些私人空间。别担心，选择当下对你有用的方式就好。

梯子要一层一层往上爬。称赞自己每一次小小的进步，庆祝自己每一个小小的胜利——它们能够激励你迈出更大的步伐。

不要拒绝新事物，保持开放的心态。有些方法可能乍看之下怪怪的，甚至有点儿蠢，但是，既往研究已经证明了这些方法的有效性。你可以尝试先在一个舒适而安全的环境中练习，比如你的房间。

我们需要知道什么时候应该练习，也需要知道什么时候应停止练习。如果你正处于失控的状态，请千万不要尝试新的技巧。这时候你的头脑已经完全被焦虑占据，没有足够的空间处理新的信息。相反，你可以尝试在写日记、追踪情绪或者处于放松状态的时候（比如入睡前）尝试一些新的技巧。

善待自己。因为忙碌而忘记练习也没有关系，千万不要苛责自己，只要在合适的时候重拾练习就可以。

坚持练习！每天练习效果最好。刚开始练习的时候，感到没有效果是一件很正常的事情，你不可能在第一次成功侧手翻之后就去参加奥运会。

聚焦

追踪焦虑

自我觉察是贯穿本书的一项技巧，它是管理负面情绪和负面思维的基础。管理焦虑的重要方法之一就是及时觉察，觉察焦虑从何而来，为何而来，何时会来。

1. **建立一份追踪记录表。**在表格中记录你什么时候会感到焦虑，以及焦虑感来临前、来临时发生了什么。不用太复杂，简单列出日期、时间、事件就可以。比如："星期二，排练，心跳加速。"
2. **选择一天中的固定时间段进行追踪。**如果担心"这样我可能会把一天都用来记录情绪"，你可以选择一个固定时间段，或者先尝试一下用一两天做全天追踪，看看"生活中的一天"究竟是什么样的。
3. **用缩写或密码等方式加密信息。**如果你担心资料泄露，或者有人看到你写的内容，可以尝试用这个方式来为自己的信息加密。
4. **寻找规律。**通过追踪自己的情绪，或许你能发现一些规律。比如事件发生的时间很相似、当时参加的活动很相似，或者有同样的人出现，这些信息都可以帮助你更准确地识别诱因。假如你注意到，你总是在午餐前感到焦虑，那么你就找到了一个诱因。
5. **用 0~10 分来评估你的焦虑程度。**0 分代表完全放松自在，10 分代表最高的焦虑程度——注意，10 分是最高分。举个例子，假如你有恐高症，并且认为站在二楼的焦虑程度可以达到 10 分，那我可能会问你：“站在五楼呢？你的分数是一样的吗？”如果你觉得站在五楼的焦虑可能更像 10 分，那么站在二楼也许只达到了 8 分的程度。这虽然不是非常严谨的评价体系，却能快速帮助你觉察不同情境下焦虑水平的变化。

聚焦

监测你的认知、躯体反应和行为

解构情绪，从了解你的认知、躯体反应和行为（焦虑的三个部分）开始。回想最近一件让你觉得焦虑的事情，然后回答下面的问题：

- 发生这件事情的时候，我在想什么？
- 我的身体有什么反应？
- 我做了什么？

这些问题看起来简单，却很难回答。大多数时候，准确描述出你的想法和反应是一件很难的事情，因为这是一种新的思维方式。

参考下面的例子：

情境：星期三的数学课上，当我发现老师布置的作业很难的时候，焦虑感就出现了。

认知：我永远做不对这些题，我肯定会不及格的。如果我去找朋友帮忙，他们肯定觉得我很蠢。

躯体反应：我的肌肉开始有紧绷感。

行为：我会一直拖延，拖延到最后一秒，直到临近截止日期才匆忙完成。

试着让自己养成一个习惯——思考诱因、认知、躯体反应和行为。持续思考可以帮助你更好地觉察，而觉察则意味着，你为自己争取了更多冲破焦虑迷雾的机会。你可以尝试一周左右进行一次这个觉察练习。随着练习次数的增加，你会越来越熟练，越来越容易解读你的情绪和感受。

聚焦

短期后果和长期后果

开始定期追踪你的认知、躯体反应和行为后，你就需要反思：为什么我会这么做？还是以拖延数学作业为例。

- **这个行为的短期好处是什么？**先把数学作业放在一边，意味着我不用马上开始。当下这个时刻，我会觉得很舒服，我可以一晚上都看视频！
- **另一方面，拖延的长期后果是什么？**因为我把作业拖到了最后一刻，所以我不得不匆匆忙忙完成作业。在这种情况下，我做错了很多。这个结果进而增强了我的信念——我什么都做不好。我没有做足够的练习，但是，只有练习才能让我进步，得到好成绩。

如果反其道而行之呢？比如，即使感到焦虑，还是坚持完成作业。这样一来或许结果会完全不同。

短期后果：整晚都会紧张，担心犯错，觉得做不好，因此不断地修改、检查。

长期后果：按时交作业。我发现在这种情况下，自己犯的错误要比匆忙完成作业时犯的错误少。因此，我为自己能够在焦虑状态下“逼”自己完成作业而感到骄傲与自豪！

有时候，我们深陷焦虑之中，就像踏入流沙，竭尽全力逃离只会让自己陷得更深，因为逃避困难只会引发更多困难和更多糟糕的情绪——这就是我们深陷焦虑旋涡的原因！尝试花一些时间想想，你的回避行为的短期后果和长期后果分别是什么。这个方法可以帮助你意识到，焦虑何时、如何会引发更多的问题。与此同时，这种方法也可以帮助你更好地制订计划，摆脱困境。

聚焦

视觉化：想象全新的我

如果有一个神奇的按钮，按下之后焦虑就会消失，你的生活会变成什么样？视觉化的目的是让我们意识到，假如可以用不同的方式看待困难，我们的生活也许会和以前不一样。你可以找一个舒服的地方，每天花大约 15 分钟完成下列步骤：

1. **想象一下不再焦虑的自己。**你的情绪或者行为会有什么变化？比如不再回避去食堂，即使房间里有蜘蛛也不会被吓坏。你的人际关系会有什么改变？学习方式会有什么不同？社交或者课外活动会有什么变化？越具体越好，尽可能地回忆过去，畅想未来。
2. **用日记本或者笔记本记录下来。**
3. **现在，请探索一下你的动机。**花几分钟时间思考一下：为什么你想要改变？
4. **在日记本中写下这些动机。**当然，你可以随时根据当下的情况修改这份动机清单，比如在你发现某些动机已经不那么有效的时候。
5. **现在请想一想，是什么阻止了你做出积极的改变。**例如，不知道从哪儿开始行动（阅读本书就是一个很好的开端！），觉得很难，或者没有时间。

6. **在日记中写下这些你能想象到的困难。**诚实地面对自己，是改变的第一步。你已经知道是什么阻碍了自己的改变，那么就可以尝试使用相关的问题解决技巧来处理这些拦路虎。只有这样，你才能更接近理想中的自己。

第二章

联结你的身体和心灵

我们不仅需要理解心灵，也需要关注身体，毕竟我们的大脑就“住在”身体里面。我们都知道，焦虑会引起身体感受的变化，比如肌肉紧绷或者掌心出汗；我们也知道，身体健康会影响心理健康，比如感冒会让你暴躁或者难过。克服焦虑的核心技巧就是意识到你的身体感受是如何影响你的想法和情绪，反之亦然，这样你就能更有效地管理焦虑。

区分压力与焦虑

你会做哪些事来维持身体健康？睡眠、运动、补充营养和压力会让你的情绪变得更好还是更糟？当你情绪低落，一整天都躺在床上时，你是感觉更好还是感觉更差？你会不会因为无所事事而感觉更糟？当你因为担心去学校而整夜不能安睡时，你又会受到什么影响？第二天上课时会烦躁、无法集中注意力吗？照顾我们的身体，就是关爱我们的心灵。

常常有人把“压力”和“焦虑”混淆，但是，它们是两件不同的事情。压力是人生的一部分，是一种主观感受，是面对现实生活中无法控制的事件（比如和父母吵架、期末考试、运动会或者朋友的生日聚会）时你所产生的感受。焦虑则是面对压力时产生的一种情绪。换句话说，焦虑是一种反应——它体现出你有多大能力面对生活中的压力。意识到压力和焦虑的区别能够帮助你阻止压力生成焦虑。由于心灵和身体是相通的，照顾好身体，也能够帮助心灵做好面对压力的准备，让我们变得更健康，更开心，更不容易焦虑。

保证充足的睡眠

即使有困难，你也应该尽可能保证足够的睡眠。睡觉就像吃饭——太少会饿，太多会撑。研究表明，与睡眠不足的学生相比，拥有充足睡眠的学生在考试中的表现更好，记忆力更强，情绪更佳。患有失眠（慢性疾病，指无法入睡或者睡眠质量差）的人更容易出现焦虑或者抑郁症状。仅仅几天的失眠、熬夜或睡眠质量差看起来对你的情绪没有任何影响，然而研究证明，即使是一点点的睡眠不足也会让你偏离正轨，提高你的焦虑水平。毋庸置疑，睡眠质量会影响生活质量，因为睡眠可以帮助我们控制暴食，促进新陈代谢，甚至可以帮助我们管理压力水平。

或许你已经意识到，进入高中后，你的入睡时间越来越晚。生理机制告诉我们，睡眠节律会随着年龄增加而改变，入睡时间推后是一件很正常的事情。但是，你仍然需要早起上学，并且专家建议青少年需保证 8~10 小时的睡眠时间，才能确保发育良好，身心健康。当然，每个人的情况有所不同，下列问题可以让你更加了解自己需要的睡眠时间：

1. 假期或者周末上晚自习、参加夏令营或者进行其他活动后，你大概需要多久的睡眠才能恢复状态？
2. 在日记里记下几点入睡会让你感到得到了良好的休息。尝试连续记录一段时间看看。

3. 记下在睡得还不错的日子里，你大概几点会自然醒。
4. 通过上面的记录计算出你的平均睡眠时间。这个数字可以告诉你，你每天晚上大约需要多少小时的睡眠。

聚焦

你有充足的睡眠吗?

拥有充足睡眠的前提是有良好的睡眠习惯，或者称之为“睡眠卫生”。为了更好地培养你的睡眠习惯，你需要先了解自己的睡眠质量。请回答下列问题：

1. 你是否会在上床后 15 分钟内入睡？
2. 你每晚的睡眠时间是否在 8~10 小时之间？
3. 你是否会在闹钟响之前自然醒？
4. 你是否会在夜里醒来，并且难以再次入睡？
5. 你是否会在白天打盹儿或者犯困？

如果你对问题 1、2 的回答为“是”，那么你应该拥有了充足的睡眠。如果你的回答为“否”，并且对问题 4、5 的回答为“是”，那么你可能存在睡眠障碍。请阅读接下来的“提升睡眠质量，更快入睡”这一部分。不妨试试这些调整方法，看看它们能否帮助你更快入睡。

提升睡眠质量，更快入睡

你想提升睡眠质量，更快入睡吗？首先，你需要了解自己的睡眠习惯，详细内容参见上文。下面这些简单、有效的睡眠技巧或许可以帮到你。

哪怕是周末，也要遵循固定的睡眠时间表。把你的入睡时间和起床时间固定下来，养成习惯，坚持下去。持之以恒很难，你会遇到或多或少的干扰，但要尽力为之。我们的目标是，通过这个方式让你得到充足的睡眠。

无蓝光原则。睡前 30 分钟不要使用任何电子设备。手机、电视都会发出蓝光，抑制褪黑素分泌。哪怕你的大脑已经产生了“入睡激素”，蓝光也会欺骗大脑，让它以为天还亮着。当然，如果你的电子设备有过滤蓝光的功能，你可以在睡前 1 小时使用它。

建立“无电子设备打扰区”。把电子设备放在身边，可能会危害你的睡眠。它们在半夜发出的消息提示声会“叫醒”你的大脑，而不是“安抚”你的大脑，允许它放松、入睡。如果你需要用手机设置闹钟，可以在睡前把它放在盒子里或床头柜里，这样你在准备入睡时就不会受到干扰。

创造你的“睡前仪式”。你可以读书、写日记、听音乐，或者尝试本章会讲到的冥想。入睡前是进行正念练习、放松肌肉的最佳时机之一。

为自己创造良好的睡眠环境。打造一个能让你放松的卧室，确保温度适宜，没有亮光，因为即使是闹钟的光也会影响睡眠质量。如果你发现闹钟让你睡不着，可以将发光的那一面转过去，让它背对着你。

定期锻炼（但不要在晚上 9 点以后）。很明显，运动会消耗能量，有助于入睡。但是，不要在睡前做运动——肾上腺素会让你难以入睡。

避免摄入咖啡因！尤其是午后的咖啡因。咖啡因需要很长时间才能完全代谢，因此会影响你的睡眠质量。晚饭后尽量喝水而不是喝饮料。

偶尔熬夜没关系，但如果你患有失眠，那么针对失眠的认知行为疗法（CBT–I）或许可以帮到你。

每天运动半小时

我们都知道，运动对增进身体健康大有裨益。越来越多的研究表明，运动对心理健康也存在着积极的影响。每周 5 天、每次 30 分钟的运动可以有效地降低抑郁水平，增加积极情绪，有效管理压力。

如果你平常一直坚持做运动，比如跳舞或者去健身房锻炼，那就太好了！如果你平常没有运动的习惯，那么请尝试用下面的方式让自己动起来：

从少开始。运动 10 分钟远比不运动好，你走的每一步都有用。当然，你实际的运动量可能比你想象的更多。从放弃电梯走楼梯开始，从提前一站下公交，步行回家开始（如果你的背包很重就更好了）。

找到你喜欢的运动。讨厌跑步，就别逼自己加入田径队——你只会把自己推入痛苦的境地。想想自己喜欢什么运动。玩跳舞游戏？骑自行车？遛狗？可以在放学后做些你喜欢的运动。

邀请朋友一起锻炼。跟朋友一起锻炼是个好方法，你们可以互相督促（也就是说强迫自己动起来），这样做也可以增加运动的趣味。

妙用小程序。有很多手机 App 或者小程序可以帮你快速入门。比如“从沙发到 5 公里”适合跑步入门，而“7 分钟锻炼”则会教你做快速、高强度的运动。

运动，有总比没有好，一小步总比不动好。不积小流无以成江海，小步骤会有大影响。尽量让你的计划具体、容易、可行，并且逐渐增加难度。

安住当下，练习正念

你是否常常为过去感到焦虑，或为未来感到担忧？很多人都会在脑海中一遍又一遍地回想过去的挫折或者反复为未来做应急计划，希望可以未雨绸缪。但是，这样你不觉得累吗？正念是一种不同的生活方式，它能让你活在当下，而不是让思绪陷入“焦虑—制订计划”的恶性循环中。

正念就是全神贯注于当下的体验。正念的目标是：允许此时此刻的体验自然发生，接纳它们，而不是评判或纠结于“本应如何”。要知道，很多焦虑都源自你的想法。

如果你总是评判自己的感受或想法，小心变成“自我批评”的奴隶，陷入负面体验不可自拔。如果你对“朋友会怎么看我”感到焦虑，就容易关注过去发生了什么（你们的互动细节），以及未来会发生什么（担心下次见面会发生不好的事情）。把注意力集中在当下——现在发生的事情，可以帮助你释放焦虑，缓解负面情绪。

注意，正念与放松不同。正念不一定是为了放松，它更多的是让你觉察当下——此时此刻——自己的想法、情绪、身体感受、行为，以及发生了什么事情。有时候正念确实可以达到放松的效果，但并非总是这样。正念更多的是帮助你接纳、觉察、体验情绪和当下所处的情境。研究表明，正念的好处有：

- 拓宽注意广度（即同一时间内能清楚把握的对象的数量）
- 改善负面情绪，减少焦虑、抑郁症状（基于对成年人的研究）
- 调节情绪
- 更平静、更灵活地面对挫折
- 与他人建立更积极的关系
- 对他人表现出更多的关爱
- 能够感知更多他人的关爱

感受正念的力量

正念是指觉察当下而不加评判。它可以助你跳出牢笼，从焦虑滋生的担忧与思维反刍中解脱出来。我们可以通过视觉化、呼吸、冥想等技巧进行正念练习。正念是一种技能，掌握这一技能需要你付出时间，就像增肌一样。当然，将注意力完全集中在当下是一件很难的事情，你需要不断地将自己游离的思想一次又一次拉回当下，尤其是分心的时候。你或许会想，“我不擅长这件事情”——你看，这就是分心。有这种想法很正常，因此我们需要坚持每天进行简短的练习。能够坚持每天练习一分钟，已经是非常好的开端了。

学习和理解这项技能可能不太容易。我曾经在工作中遇到一名患有偏头痛与焦虑症的少年。治疗过程中，我发现正念对他很有效。然而，当我试图教他冥想的技巧时，他说："这太蠢了，愚蠢的呼吸。"他甚至差点儿因此退出治疗。几个月后，我们回顾整个治疗过程时，我问他："当你感到头痛时，什么技巧最有用？"他害羞地回答说："正念呼吸。"我在心里默默地想："看，早就告诉你了吧！"正念能够帮助他更好地接纳偏头痛这件事，并且让他意识到自己可以处理好这个问题。在偏头痛时，用一种不加评判的方式关注自身体验，能够帮助他缓解紧张情绪，进而摆脱它。

本书中的正念练习旨在帮助你将注意力集中于此时、此地。试试这些练习，看看哪些对你有用。你的目标是：观察自己身上发生了什么，但不让自己卷入其中。下面是一些正念练习中需要遵守的基本规则：

想象你是一架无人机。你可以看到地面上发生了什么，但是，你只是一台飞翔在天上的机器，所以不会卷入任何事件。

不要关注结果。你唯一的任务就是，从客观的角度观察发生了什么。

在你观察的时候，尝试描述你看到的东西和你的感受。

在你描述的时候，请记得保持不加评判的态度。事情没有好坏，不存在对错。你需要做的就是接受正在发生的事情。

因为你是人，所以你会分心。我们的内心就是这样运作的。当你走神的时候，不要责怪自己，轻轻地、温柔地将注意力拉回当下，拉回到你正在关注的东西上。如果你对其加以评判，或者有“这没什么用”“我可能做错了”之类的想法出现，请对自己更友善一些，多关爱自己。如果刚开始你觉得这一切太过抽象或令你困惑，那也没关系，这正是练习如此重要的原因。

开启正念练习

想象一下，如果你是一名运动员，有什么方法可以帮助你快速掌握新的运动技巧？一个词：练习。运动员需要不断地重复同样的练习来帮助自己建立肌肉记忆，进入状态。正念就像锻炼肌肉，我们需要用运动的视角看待正念。你会指望仅练习一次跳远就获得更好的身材吗？当然不会。换个视角理解正念，可以帮助你更好地应对未来可能出现的阻碍和抗拒。

- **制订时间表。**一周练几天？什么时间练？计划越具体，行动就越容易。清晰的计划可以让你摆脱“我没有时间”这一借口。
- **创造练习的时间和空间。**可以是入睡之前或者上学、放学的路上。
- **选定一种练习，反复进行。**这可以是书中提到的任何一项正念练习。请尽量反复练习一周以上。记住，正念就像运动，仅仅一次训练无法让你掌握诀窍。
- **坚持很重要。**每天坚持 30 秒，远比偶尔练很久有效。从那些简单、短小、可以让你每天坚持的练习开始。最好选择那些你在感觉不太好的日子里也愿意尝试的小练习。（如果偶尔忘了，也没关系，明天再开始即可。）

- **打卡记录。**画一个简单的表格，标注出一周的日期。当你完成每日的正念练习后，就在相应的日期下面打钩，并写下练习的名称。问问自己，练习完成之后，你的感受是更好了还是更糟了，或是没有变化。对于一些人来说，打卡可以让他们充满动力。如果对你来说打卡毫无作用，没有关系，另找一个可以帮助你每日坚持的方式即可。
- **开放的态度。**保持开放的态度，去发现并感受正念练习所带来的新体验。在你尝试不同技巧的时候，保持好奇心也很重要。

正念

一次只做一件事

适用于：将正念融入生活，关注当下发生的事情

时间：每日任何时间

你上一次完全专注于一项任务或者一项活动是什么时候的事情？你可能会像大多数人一样，同时完成很多事情，比如学习的时候吃东西，看电视的时候看邮件，洗澡的时候计划一天的任务……一心多用很常见，但这也意味着，你从未全身心地投入一件事情。将正念融入生活，意味着我们需要集中注意力，一心一用，尤其是在你没法专门腾出时间做练习的时候。

---

1. **选一项每日必做的活动，比如刷牙、洗澡或打包午饭。**
2. **全神贯注于当下的活动。**尽可能调动感官，让你的注意力只聚焦在当下的活动上。

例如，洗澡的时候，你可以：

- 体会水和皮肤接触的感觉
- 感受水在皮肤上的温度

- 当你拿起肥皂时，注意肥皂与手接触的感觉
- 当你冲洗泡沫时，注意手的感觉
- 水是什么样的？肥皂闻起来有什么气味？
- 如果你发现自己思绪飘忽不定，试着把注意力慢慢拉回到你正在做的事情上

3. **坚持练习大约一周后，你的感受或体验是否有变化？请记录下来。**一开始，如果你注意不到任何变化也没有关系。

小贴士

请记住，分心是一件很正常的事情。如果你走神了，只要慢慢把注意力拉回到你正在做的事情上即可，不要评判。

正念

湖畔冥想

适用于：缓解压力，找回内心平静

时间：10 分钟

正念冥想能够通过唤起内心的平静与稳定，达到缓解焦虑的目的。情绪失控或者陷入混乱中时，这项练习或许可以帮你重新找回心灵的平静。

---

1. **以一个舒适的姿势躺下，闭上眼睛。**
2. **把注意力集中到身体上。**当你躺下后，注意身体与床（或地面等其他平面）接触时，有什么样的感觉。
3. **当你找到舒适的状态后，想象关于湖泊的画面。**可以是你曾经去过的湖泊，也可以是从图片上看到的。尽可能地想象它的样子，是大还是小？是完美的圆形，还是不规则的形状？环顾周围，湖边有环绕的树木吗？有没有山川？
4. **把注意力转移到湖面上。**注意湖面是如何随着一天中的时间推移而变化的。湖面的颜色或许会随着光线的强度变化，有时候可能在阳光的照射下波光粼粼，有时候云层遮掩了太阳，湖面可能是灰蒙蒙的。一天之内，水面上瞬息万变，水面下却始终如一。

5. **想象不同季节的湖水，注意湖面是如何随着天气变化的。**雨打湖面，溅起水珠，风吹波动，泛起涟漪。四季更迭，冬日结冰，秋日落叶，夏日水暖。看似万物在变，湖面总起波澜，湖底深处却仍旧平静。
6. **湖面就是你生活的世界。**它们随时间而变，随外部因素而变，难以控制。然而，这些改变却不一定能影响你的幸福感。冥想的时候，尝试将视野拓展到整个湖面。一方面觉察湖面泛起的波澜，它们代表你的想法、身体感受和外在情境；另一方面与自己内在的、岿然不动的那部分建立连接。这些内心的不动、不变，连同湖面的涟漪与波动，皆为湖泊的一部分。尝试觉察深入湖底的那份平静。每当感到被情绪淹没的时候，你可以邀请自己回到当下这个状态里。

小贴士

选择固定的时间进行这项练习（如果湖泊冥想对你没有帮助，可以尝试其他正念冥想）。睡前进行练习，可以帮助你更好地理清繁杂的思路，放松心情。

正念

正念饮食

适用于：日常生活

时间：5 分钟

正念饮食是将正念融入日常生活的一种方式。集中注意力，慢慢进食，这与你平常的饮食习惯有什么不同？或许你会发现，这种方式能够带来新的体验。

---

1. **选择一小块食物。**例如，葡萄干、巧克力豆或巧克力块。想象自己是一位科学家，正在进行科学研究，工作内容是调动全部感官检查食物。
2. **看一看。**在将食物放入嘴里之前，把它放在手掌上仔细观察。注意它的外观——颜色、质地、形状。像科学家一样，描述你注意到的细节。
3. **摸一摸。**用手触摸，请仔细感受，它的外表是光滑还是粗糙？温度是高还是低？手感是顺滑还是黏腻？
4. **观察食物的外包装（如果有）。**包装的质地是怎样的？拆开包装前和拆开包装后，食物的质地有什么变化？

5. **闻一闻。**把它举到鼻子前，闻一闻。它有什么气味?
6. **听一听。**把它举到耳边，轻轻晃动或者挤压。有什么声音吗? 试着描述这种声音。
7. **把食物放入嘴里，先不要咀嚼。**注意舌头触碰到食物时的感觉。吃起来怎么样? 味道如何? 口腔内有什么新的体验?
8. **开始慢慢咀嚼。**一次一小口。在你慢慢咀嚼的时候，口腔中的味道和食物的质地有什么变化？
9. **慢慢咽下食物。**当你咽下食物时，喉部有什么感觉？咽下后，身体有什么感觉？回味一下刚才的体验。

正念

渐进式肌肉放松法

适用于：缓解日常焦虑，肌肉放松

时间：每天 10 分钟

焦虑的身体表现通常为躯体疲惫和肌肉紧张。有意识地绷紧和放松全身不同的肌肉群，可以帮你更好地觉察身体、放松身体。接下来的练习中，你需要分别绷紧不同的肌肉群 5~10 秒，但不要力度太大。过度绷紧肌肉可能会让你受伤，大约用 75% 的力度即可。然后放松肌肉，释放紧张感约 15 秒。最后，请仔细比较紧张和放松时，身体的感觉有什么不同。

---

1. **以舒适放松的姿势坐下来，将注意力集中在呼吸上。**
2. **尝试绷紧右手和右手臂肌肉。**保持 5~10 秒，然后放松。接着尝试绷紧左手和左手臂肌肉，而后再放松。请重复本组练习一次。
3. **将注意力转移到手臂和肩膀。**将手臂向上举并向后伸展，尽可能地绷紧身体并保持这个状态，坚持一会儿。然后回到原来的姿势，放松 15 秒。请重复本组练习一次。

4. **将注意力转移到肩部和颈部。** 耸起肩膀，就像要用肩膀去触摸耳朵一样。坚持一会儿，然后放下肩膀，并注意有什么感觉，与绷紧肌肉时的感觉有什么不同。请重复本组练习一次。
5. **将注意力转移到下巴。** 缩紧下巴，注意此刻下巴和脖颈的感觉。随后放松下巴，注意放松的感觉。请重复本组练习一次。
6. **绷紧面部。** 用力皱起鼻子和额头，紧紧闭起眼睛。（如果你觉得有点儿傻，你可以在独处的时候练习）。随后释放紧张感，直到完全放松。注意体会你的面部是否感到放松。请重复本组练习一次。
7. **将注意力集中到腹部。** 将腹部肌肉向脊柱的方向收缩，坚持一会儿，然后放松，释放紧张感。请重复本组练习一次。
8. **绷紧右腿和右脚肌肉。** 抬起右腿，最大限度地弯曲右脚脚趾。坚持一会儿，然后释放紧张感，直到完全放松。用左腿和左脚重复以上动作，然后放松 15 秒。请重复本组练习一次。

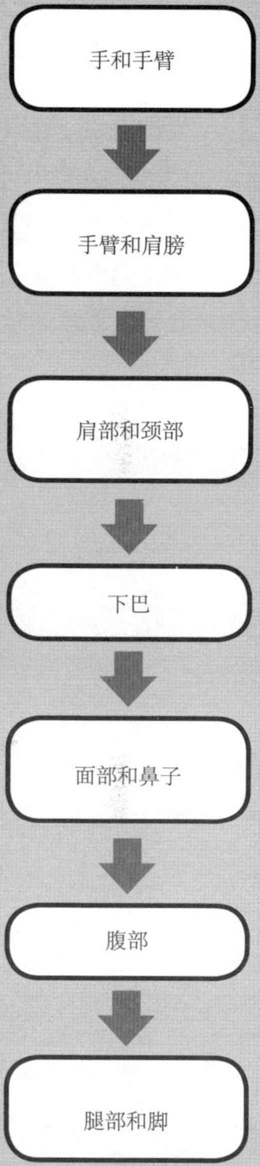

图 2-1

小贴士

你可以将上述文字内容转录为音频，在练习过程中播放。在练习中你也可以闭上眼睛——如果这能帮你集中注意力，但是千万别睡着了！经过一段时间的练习后，你也许能更容易地觉察到特定的身体紧张区域，那时你可以尝试专注于放松特定的肌肉，而无须完成整套练习。

正念

五感运动（或称“5-4-3-2-1”运动）

适用于：快速“着陆”（缓解情绪，自我安抚）

时间：1 分钟

通过关注外部环境，正念可以帮助你有效应对内部焦虑。每当你感到情绪混乱或失控时，“着陆”能够帮助你从混乱的头脑中“解套”，回到当下。本项练习不需要消耗大量时间，也不要求有安静的空间，你只需转移你的注意力。

---

1. **环顾四周，说出你能看到的 5 样东西。**尽可能找出你通常不会注意到的东西。
2. **说出你能摸到的 4 样东西。**注意手或身体接触到这些物品表面时的感觉。
3. **说出你能听到的 3 种声音。**比如钟表的嘀嗒声、电器的嗡鸣声或汽车经过的声音。尽可能找出你通常会忽略的声音。
4. **说出你能闻到的 2 种气味。**可以是令人愉快的气味，也可以是令人不适的气味。试着用不加评判的方式去感受它们的存在。

5. **说出你能尝到的 1 样东西**。如果手边没有任何能够拿来品尝的东西，你可以试着描述口腔内的味道或感觉。如果这个练习对你有难度，你可以从说出一种你喜欢的味道开始。

小贴士

如果你觉得完成本项练习后情况没有好转，可以尝试多次练习，直到强烈的情绪风暴减缓或结束。

正念

彩色呼吸法

适用于：日常放松，促进平静

时间：5 分钟

呼吸训练有益于压力管理、情绪管理，甚至能降低血压。本节练习将帮助你通过腹式呼吸与视觉想象，达到清空杂念的目的。

---

1. **选择两种颜色。**一种颜色让你放松，另一种则让你紧张、焦虑（或者选择你单纯地不喜欢的颜色）。蓝色让我平静，而黄色让我警觉。因此，接下来我会用这两种颜色举例。在练习过程中，你可以用自己选择的颜色代替下文中的蓝色和黄色。
2. **找一个安静的地方。**选择一个舒适的姿势坐下或躺下。闭上双眼，把注意力集中在呼吸上。
3. **吸气。**想象自己吸入的气息是蓝色的。蓝色逐渐充满整个肺部，安抚着你的身体，带来平静。请有意为那些紧张的身体部位注入蓝色气息。
4. **呼气。**想象自己呼出的气息是黄色的。那些黏附在身体里的紧张感，随着深长而缓慢的呼气，正在慢慢脱落、远离你。

5. **继续想象。**吸气时，蓝色气息充满身体，带来平静；呼气时，黄色气息离开身体。进行本练习时，尽量用缓慢、深长的方式呼吸，让呼气的时间比吸气的时间更长。

小贴士

本节练习非常适合睡前进行。你可以尝试把它变成日常活动之一，以达到清空杂念的目的。

正念

身体扫描

适用于：觉察和管理焦虑产生的身体症状

时间：10 分钟

焦虑通常会通过身体反应表现出来。觉察身体的感觉，可以帮助我们有效缓解焦虑情绪，阻止它像滚雪球般增大。身体扫描，是一种提升对身体信号觉察度的方法。如果有过多的焦虑引发的身体症状，你一时间可能很难专注或者找到窍门，但是长远来看，定期进行身体扫描对我们大有裨益。你可以把下面的文字引导语录下来，下次跟着录音来练习。

---

1. **在进行此练习时，请以舒适的姿势坐在椅子上，双脚平放在地面上，背部挺直而不僵硬。如果你愿意，你也可以在床上躺下来，尽量让自己感觉舒适。**准备好以后，请开始感受你的身体，作为一个整体躺在这里。感受你靠着或躺着的这个表面，体会它的触感，感觉你的身体如何得到支撑。
2. **闭上眼睛，把注意力落在你的呼吸上。**慢慢地、深深地呼吸几次。感觉这种充满韵律感的呼吸浪

潮。感受吸气时，气息如何充满你的身体；呼气时，气息如何离开你的身体。

3. **现在，请把注意力慢慢地转移到你的双脚上。**它们和地面或者床接触的部位有什么感觉？皮肤与袜子接触的地方有什么感觉？给自己一些时间，感受一下脚掌和脚趾。不用去判断这些感觉是好还是坏，你的一切体验都是真实的，这就是此时此刻生命最真实的呈现。吸气时，感受或想象气息从鼻腔流入，经过肺部、腹部，通过双腿，到达你的脚趾。呼出气息，放松。现在，再深呼吸一次，一呼一吸间，请将注意力集中在你的双脚上，尽可能去感受它们是否有了新的变化。
4. **当你准备好时，慢慢地将注意力集中在你的双腿上。**温柔地探索和觉察你的脚踝、你的小腿、你的膝盖和你的大腿。你可能会有酸痛感，可能感受到不适。无论你感受到什么，还是没有任何感受，都是可以的。事实上，你的一切体验都是真实的，是可以被接纳的，不要试图改变或者评判这些感受，因为这就是此时此刻生命最真实的呈现。现在，再深呼吸一次，将注意力集中在你的双腿上，感受它们是否有了新的变化。
5. **当你再一次吸气的时候，请将你的注意力扩展到下背部。**当你觉察到下背部任何部位有紧张感时，可以在吸气时将气息“吸到”这些部位，并随着呼吸将注意力带到这些地方，尽你所能去感受它们，然后在呼气时慢慢释放你的感受。
6. **集中精神，深深地吸一口气，引导它流动到你的小腹。**去感受你的呼吸，感受你的小腹在你吸气时的隆起，以及在呼气时的凹陷。
7. **现在，将注意力转移到你的上背部和肩膀。**你的肌肉有什么感觉？很多人会觉得这个部位的肌肉很紧张。吸气时，请尝试将气息“注入”这些部位。呼气时，把注意力放在身体的感觉上，特别是你的身体与椅子接触的地方。

8. **再一次吸气，感觉或想象这口气进入并充满你的胸腔和心脏。**将注意力集中在这个区域。
9. **再一次吸气的时候，请将注意力转移到你的双手与手臂。**感觉或想象这股气息流经你的手指、手掌、手腕、小臂，直到上臂和肩膀。留意你手臂的任何感觉以及随之产生的想法或冲动。如果你的心思会时不时地从呼吸和身体上飘走，这是完全正常的。当你觉察到这一点时，只需要弄清楚你的思绪正飘向何处，你正在思考什么，然后轻轻地、温柔地将你的注意力带回到你正在专注的地方即可。
10. **将你的注意力转移到脸部和整个头部。**当你呼吸时，注意空气流经鼻腔的感觉。注意你脸颊上的绒毛是否有轻微瘙痒的感觉。继续呼吸，试着觉察你的想法或感受是否有所变化。
11. **关注整个身体。**让呼吸从头顶流动到脚尖，再从脚尖流回头顶。
12. **在你用这种方式扫描完全身之后，请把注意力从身体感受转移到你所在的这个房间里。**你的周围有什么声音？有没有什么气味？你的身体与椅子接触的地方有什么感受？椅子的质感如何？椅子上有没有什么纹理？当你感到准备好了，请轻轻睁开你的眼睛。

小贴士

熟练之后，你可以在无指导语的情况下进行身体扫描，缓解任何你体验到的紧张感。

正念

视觉化：思维列车

适用于：思维觉察，跳出杂念旋涡

时间：2 分钟

脑海里充斥着各种杂念很正常，但总是沉浸其中会让你远离当下。如果你发现自己时常陷入杂念旋涡或者过度思考，思维列车可以帮助你快速回到当下，拉开你与杂念之间的距离。记住，你的想法并不一定是事实。

---

1. **请以舒适的姿势坐下，试着觉察你的想法。**
2. **请想象一下，你坐在火车上，看着窗外的风景。**火车前进，风景倒流。你看着树木和房屋从窗前掠过，人们正在过着自己的日子。
3. **再想象一下，你见到的风景——这些人、事、物——都是你脑海中的杂念。**你的杂念就是列车驶过的那些城镇。
4. **注意辨别哪些是会引发情绪的想法，哪些是不带情绪色彩的念头。**愤怒或许会狂喊："我的爸妈毁了我的人生！"每天都有成千上万的杂念涌入你的脑海，例如："今晚妈妈做什么吃？""哦，那辆车是红色的。”“我的鼻子今天看起来好大啊！”“要下雨了吧？”“我的朋友不喜欢我。”火车载着你离去，也离这些窗外的想法越来越远。

5. **你看，即使是最强烈的想法和情绪也会逐渐淡去，正如窗外那些城镇会慢慢远离你。**但是，你坐在火车上，不能下车去参观城镇，也没有机会与人交谈。你需要做的只是留在火车上，坐下来，看着窗外的这些景色。

小贴士

视觉化的方法有很多。你可以想象这些杂念是天空中飘过的云朵，是正在飘走的泡泡，是游行中的花车和乐手，或者任何对你有用的情景。

正念

安定身心

适用于：不加评判的觉察

时间：2 分钟

工具：下雪的水晶球。你也可以自己做一个——找一个透明罐子，往里面装满水和闪粉，然后盖紧它

请想象一下：在你拿起水晶球的那一刻，水晶球内的闪粉和沙子被搅动，混杂在一起，让你很难看清里面有什么。慢慢地，这些杂质开始沉淀，水逐渐变清，你开始看清水晶球内的东西。我们的头脑就像水晶球，为了看清正在发生的事情，你往往需要等待一切尘埃落定。

1. **拿起水晶球，晃动。**请仔细观察，水晶球内的“雪花”是如何飞舞的。
2. **观察水晶球内的“雪花”或罐子里的闪粉慢慢沉淀的过程。**有些“雪花”很快就沉淀下去了，而有些可能需要一段时间。请仔细观察，随着时间的推移，水晶球内的“雪花”是如何慢慢沉

淀，球中的一切是如何逐渐变得清晰的。这些水晶球内的“雪花”正如你心中的想法、情绪和冲动。不做评价、全情投入地看待这些杂念，它们终会落地，终会平息。但是，你不能强迫它们加速沉淀。正如前面所述，有些杂质很快就沉淀下去了，而有些则需要花费一段时间。你的头脑亦是如此。只有安心等待，才能让你的心灵逐渐安定。

3. **当水晶球内的“雪花”或罐子里的闪粉落定之后，请再次审视你的心灵。**对比练习前，你的心灵是否变得更加安定？你要知道，有时候让心灵安定下来需要的时间远比“雪花”沉淀下来的时间久。所以，你也可以把水晶球翻转过来，再次观察“雪花”飞舞的过程。

小贴士

如果你的思绪会时不时地飘走，完全正常，这正是人类的共性。如果你觉得这个练习很无聊或者很蠢，那么你可以试着告诉自己：“我有想法产生了，这个想法就是这件事情很愚蠢，这件事情很无聊。”这或许可以帮助你轻轻地、温柔地将注意力带回到正在进行的练习上。

正念

四拍呼吸

适用于：日常放松

时间：2 分钟

这也是一个耗时很短的正念练习，你可以把它纳入你的日常工具包。工具包内适合你的方法越多，需要的时候你能用的技巧就越多。跟其他正念练习一样，当你感到焦虑时，四拍呼吸法能够帮助你重新集中注意力，平静身心。有压力或者需要平静下来的时候，你也可以使用四拍呼吸法。甚至在闲暇时，你也可以把它作为冥想的拓展训练之一。

---

1. 找一个舒适的姿势坐下。
2. 吸气 4 秒，让气息长而稳定。
3. 屏住呼吸，数 4 秒。
4. 呼气 4 秒，让气息长而稳定。
5. 屏住呼吸，数 4 秒。
6. 重复 4 次。

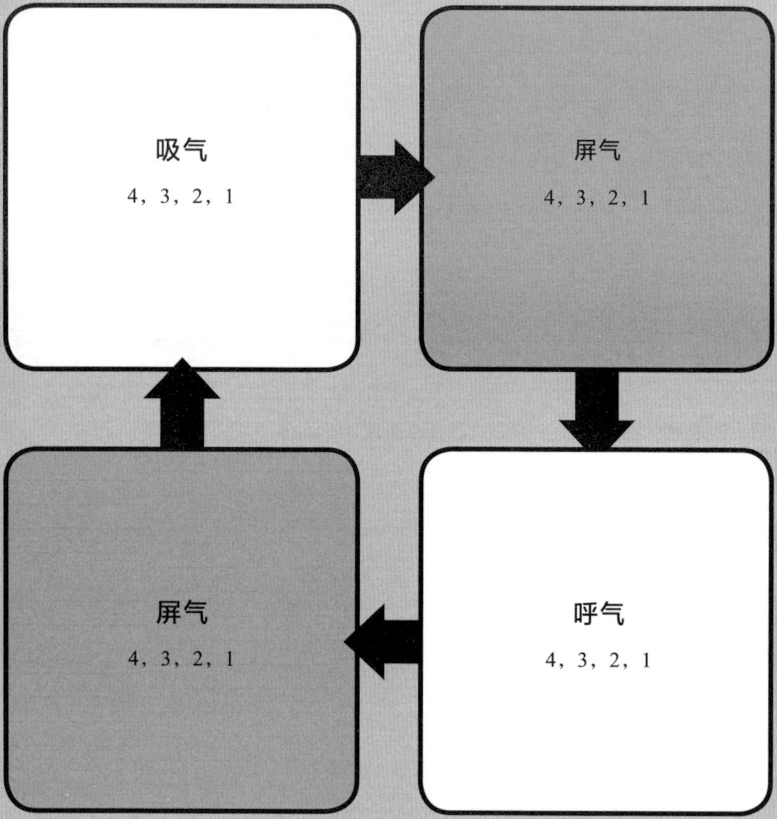
吸气
4，3，2，1
屏气
4，3，2，1
呼气
4，3，2，1
屏气
4，3，2，1

第三章

学会管理你的负面情绪

识别负面情绪往往是一件很困难的事情。你可能会意识到“我感觉不好”，却很难确定这些负面情绪是烦躁、愤怒、悲伤还是焦虑。这很正常——我们往往很难区分这些极具挑战性的情绪，因为它们会相互影响、相互作用。本章将重点讨论负面情绪中的愤怒、悲伤和抑郁，提供能够帮助你更好地接纳这些情绪的工具，以及陷入负面情绪时的应对策略。

情绪到底是什么？

情绪繁多而混乱，我们几乎时时刻刻都处在情绪之中。然而，无论询问青少年还是成年人“你觉得情绪是什么？”，大多数人都回答不上来。当然，他们或许可以说出一些情绪的名称，但是，知道并不等同于理解。

任何情绪，无论是正面的还是负面的，都可以通过典型的CBT理论，分解成认知、躯体反应、行为。情绪没有好坏，所有的情绪都是为了提供相关信息，让我们快速做出决定以保障安全。情绪与行为相连，而这些行为正是我们对情绪的反应。

想象一下恐惧感——一种天生的感受。如果一只老虎突然出现在你家门口，你当然会觉得害怕。害怕，就是你的情绪。出于恐惧，你会想要快速逃跑或者关上门来保护自己免受老虎的伤害。这个行为能够保障你的安全。所有的情绪或多或少都有它的意义。开心时，你会想做任何让你快乐的事情，从而加深快乐的感受；悲伤时，你会哭泣或者想要独处，留些时间给自己；生气时，你会进入某种自我保护的状态。

学会与愤怒共处

你上次感到愤怒是什么时候？我想，应该是不久之前吧？感到愤怒或者烦躁是一件很正常的事情。愤怒有它的功能。如果你从来不生气，那你可能就是在允许别人欺负你。愤怒让我们拥有捍卫自己的权力，这其实是一件好事。然而，如果你一整天都处于愤怒之中，或许它会让你做出让自己后悔的事情。想象一下，你的两个最好的朋友在社交媒体上发布了一张照片，她们正在一起玩，却没有邀请你。当然，你会觉得愤怒，脸颊开始变得火辣辣的。你或许会想："她们也太过分了吧？出去玩不带我，混蛋！"于是，你发信息给她们，用了非常多的感叹号来表达你觉得她们"非常自私"。然而事后你发现，她们确实邀请你了，只是你没看到信息，但这个时候，已经没有后悔药可吃了。

愤怒是一件正常的事，它没有好坏之分。然而你的行为可能会产生不同的后果。你无法撤回那些在愤怒中发送的信息，也无法撤回你的攻击性，或者让那些因为不愿意放宽期限而被你辱骂的老师原谅你。你要弄清楚愤怒产生的行为什么时候有益，什么时候无益，这很重要。比如，愤怒有可能会让你为维护他人或者维护自己挺身而出，也有可能会让你陷入麻烦。当然，有些人可能会狡辩说："你根本不能控制愤怒。"这句话狡猾地混淆了我们今天讨论的重点。确实，你不能随意开关情绪，但是，感到愤怒不等于表达愤怒，你可以控制表达愤怒的行为。

弄清楚是什么让你感到愤怒，可以帮助你为下一次愤怒做好准备。试一试追踪你的情绪（参阅“保持觉察，控制焦虑”一节）。当然，你也可以尝试上一章讲述的正念技巧。

聚焦

寻找愤怒的根源

是什么让你感到愤怒？找到愤怒的根源可以帮助你停止愤怒风暴的循环，并且学会如何应对。让我们花几分钟来一起想一想，是什么引发了你的愤怒。记住，这些引发愤怒的原因不一定是行为或者事件，它们有可能只是一些言语、想法，或者你的身体感受。追根溯源，回到曾让你感到愤怒的情境，问自己下面的问题：

- 我在身体上或者情感上受到伤害了吗？
- 我的期待落空了吗？
- 我的需求没有得到满足吗？
- 有没有什么具体的事物让我感到愤怒——人、声音或任何情境？
- 感到愤怒前，我在做什么或想什么？
- 我是被回忆激怒，还是因为现在发生的事情而愤怒？

愤怒是对不安全感的一种情绪反应，或者是我们的需求没有被满足时的一种情绪体现，在亲密关系中尤其如此。很多时候，你会认为朋友或者家人明知道你会受伤却故意这么做，当这种保护罩被打碎时，就会给你带来被抛弃感和被背叛感。

你的想法会决定你的情绪。回想一下，当感到愤怒时，你是否出现过下列想法：

- 他们伤害了我，他们在取笑我。
- 他们是故意的。
- 他们本可以不这样，他们明明可以用另外一种方式。

了解愤怒的原因以及随之而来的想法很重要。觉察可以帮助你制订应对措施。请记住，感到愤怒是很正常的，但是，愤怒引发的行为或者反应却会伤害你的人际关系，让你感到心力交瘁。

学会与悲伤和抑郁共处

悲伤是另一种极具挑战性的情绪。生而为人，我们总会有悲伤的时刻，虽然不可避免，但它仍会令我们感到难以承受，极度的悲伤甚至可能是抑郁症的症状之一。精神科医生可以帮你诊断你的悲伤情绪是否已演变为抑郁症。以下这些问题或许也能帮助你初步了解，什么是抑郁症，什么是青少年正常的悲伤。

- 你感到悲伤的日子越来越多吗?
- 你是否对曾经能令你快乐的事情失去了兴趣?
- 你是否几乎每天都觉得烦躁?

如果这种情绪低落或悲伤的状态已经持续超过两周，或者坏情绪的阴霾已经笼罩在你的头顶超过一年，你就需要考虑这是否是抑郁症的症状，而不是单纯的悲伤情绪。诊断抑郁症的时候，精神科医生需要同时参考患者的饮食（食欲增加或减退）、睡眠（入睡困难或睡眠过多）、注意力（难以集中注意力，或思考、决策能力下降）和情绪稳定性（反应迟钝或焦躁不安）等情况。与此同时，心理学家注意到抑郁症状也常伴随着患者想法的改变。如，你是否常感到绝望或无助？你会否认自己的能力或者内疚吗？对于青少年来说，发牢骚、烦躁也可能是抑郁症的外在表现之一。如果你的情况符合上述大多数症状，你可能需要在专业精神科医生的帮助下，确定自己是否正在面临抑郁症的困扰。

还记得吗？我曾提到过，情绪与行为紧密相连。悲伤会让你退缩，让你想要一个人待在房间里玩游戏，或者用被子蒙住头，与外界彻底隔绝。这些行为或许会让你短暂地感觉好一些——它们就像是让你“睡了一觉”，睡着了就不会感到痛苦。然而，你总要醒来。醒来后，被压抑的痛苦只会反扑，让你更加痛苦。比如，为了逃离当下，你拒绝了朋友叫你出去玩的邀请，随后看到他们发的聚会照片，你会感到更加痛苦。因为错过了聚会，错过了大家的共同话题，你感到更加孤独。抑郁症就像一个“回避—抑郁”的恶性循环：退缩让你感觉很糟糕，因为感觉很糟糕，所以你更加退缩。越来越多的退缩行为，只会让你感觉糟糕透顶。

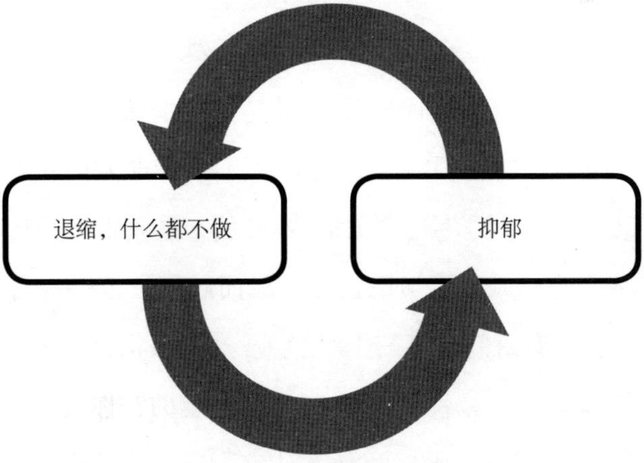

比起退缩，处理抑郁情绪的最佳方式是不采取行动，用不行动来消解退缩的冲动。本章中的技巧可以帮助你不被悲伤完全吞噬。通过练习，你就能逐步摆脱“回避—抑郁”的恶性循环。

在抑郁状态下，你可能会希望自己死掉，或者设想如果这个世界没有你会是什么样子，甚至产生自残或者自杀的想法。自杀意念是抑郁症最危险的临床症状之一。如果你正在承受痛苦，请不要羞于寻求帮助，有一批受过训练的专业人员正等着支持你撑过这场情感风暴。你可以拨打心理援助热线。

学会接纳所有的情绪

为什么当你感受到情绪，尤其是强烈的情绪时，很难让自己“不采取行动”，哪怕你理智上清楚“被情绪左右的行动”并不是最佳选择？这是因为情绪欺骗我们：“你必须动起来！立刻采取行动，不然我是不会消失的。”然而，这是情绪的谎言。与其说情绪是龙卷风，不如说它是随风而起的波浪——看似来势汹汹，却会随着时间最终归于平静。

让那些具有挑战性的情绪消失的最佳方法就是接纳它们。接纳，不是盲从或屈服，而是承认它们的存在。否认和拒绝，只会让它们触底反弹。觉察，有助于克服这些负面情绪，且不会产生逃避所带来的副作用。

当陷入强烈的负面情绪时，你可能会手足无措。下面的技巧或许能够帮助你更好地处理以及面对这些情绪，更好地应对抑郁、愤怒和焦虑。

行动

设定小目标

适用于：让自己有动力改善抑郁情绪

时间：每天，随时

抑郁会消耗我们的能量，让以前很容易做的事情也变得困难起来。设定小目标，可以帮助你打破“回避—抑郁”的恶性循环，回到健康的轨道上。这项练习的目的是：通过养成健康的习惯（比如自我保健和运动）来改善情绪。请注意，目标不能定得太高，难以完成的目标会让你失去信心。更容易管理和更容易实现的小目标能够让你充满动力，朝着积极的方向前进。一旦感受到“一小步”所带来的积极影响，你就会更有动力朝着目标迈进“一大步”。

自我保健：

你是否已经养成了按时刷牙、洗澡或者打扫房间的习惯？如果没有，请试着打卡完成这些日常活动，这或许有助于改善你的情绪。当然，如果这些任务听起来太重，你可以试着将它们拆解成一些更小、更可行的任务，并且为它们设定截止日期，这样你就不会觉得“永无完成之日”了。举个例子，如果你的目标是把房子打扫干净，与其试图在一天之内把整个房子都清理干净，不如尝试这种方式：

1. **每天只花 15 分钟打扫房子的一部分。**
2. **列出每个 15 分钟内需要完成的任务。**例如：收拾衣服、吸尘、整理书本等。
3. **按照列表完成这些任务。**例如：第一天收拾衣服，第二天吸尘，第三天整理书本。这样一来，你每天都有进展，又不至于觉得琐事缠身。
4. **请记住，每一小步都很重要。**明明已经习惯了把衣服扔在地上，你却能够对抗这种习惯，培养把衣服挂起来的新习惯，这已经是一个巨大的转变了！

运动：

我们都知道，运动是缓解不良情绪的有效途径之一。然而，当你觉得抑郁时，运动会变成一件很困难的事。试着让自己动起来。不过，就像打扫房间一样，不要把目标设定得太难或是太高，从小目标开始。与其要求自己“每天慢跑 1 小时，一周坚持 5 天”，不如尝试这种方式：

1. **从上学前在小区门口走一走（大概 5 分钟）开始，每周只需完成一次。**这可能看起来不是什么显著的改变，但你可以在这 5 分钟的基础上做出更大的改变。
2. **增加运动时间。下一周，把 5 分钟延长到 10 分钟。再下一周，试着坚持走 15 分钟。**当然，如果你觉得每次 5 分钟已然足够，也可以增加运动次数，从一周一次试着变成一周两次。适应之后，你可以尝试用慢跑代替步行。小的改变有大的影响，哪怕只是穿上运动服，都是你朝着正确方向所迈出的一步。

3. **选择一种你喜欢的运动方式。**如果你喜欢打篮球，那么可以试试原地投篮 10 分钟。如果你喜欢跳舞，那么可以挑选喜欢的音乐并跟着做动作。缺乏行动力？先让自己动起来！

小贴士

如果你发现自己的情绪没有任何改变，也没关系。为自己鼓鼓掌，庆祝一下，因为你正在为自己做一些新的尝试。明天我们可以再试一试。

行动

做一些有益的活动

适用于：克服抑郁症带来的退缩或回避行为

时间：由你决定。最好每天或每周花一些时间来提前计划，初始目标可以设定为每天 30 分钟

当感到抑郁时，你很容易产生回避行为。比如，逃避与人接触，回避曾经对你很重要的社交活动。下面的练习可以帮助你筛选出能给你带来价值和快乐的活动，让你重拾活力感和成就感。

1. **列出一些你曾经喜欢或者可能会喜欢的活动。**最好是能让你动起来的活动。这种活动可以很随意，比如看电影；也可以需要详细计划，比如艺术创作或远足（适当晒太阳永远是一个好的选择）。安排一些容易实现的活动，再安排一些略微复杂的活动。想一想有哪些是你可以独自完成或在家完成的，比如创建喜欢的音乐列表；有哪些是需要朋友或者家人参与的，比如玩桌游或做运动。来场头脑风暴吧！你的选择没有对错，你的清单越长越好，这样你的选择会更丰富。

2. **列出清单后，挑选一个可以实现的目标，并为它制订计划，越具体越好。**想一想如何将它融入一天的活动中：什么时候做？做多久？例如，你选择了烘焙，那么你准备什么时候完成呢？做什么东西呢？可以这样设想：周一晚上 8 点左右，我要做巧克力饼干；或者周一和周三放学后，我要去散步，大约半小时。
3. **设定每周目标。**思考一下，有哪些东西可能妨碍你实现目标。完成目标后，你也可以考虑给自己一个小奖励！

正念

自我慰藉

适用于：驾驭令你不适的情绪

时间：随时

当你感到被情绪吞没时，自我慰藉可以有效地帮助你。情绪的浓度会随着时间而降低，自我慰藉则能够帮助你度过这段难挨的时间。当感到情绪浓度降低、控制感增强时，你就可以尝试其他的正念技巧。在这个练习中，你将调用五种感官完成活动，以达到平静和安抚的功效。例如：

---

1. **看**：出门散散步，看看周围的花草树木，或者看看电影预告片或幽默视频。
2. **听**：听一首让你平静的歌曲。你也可以听听大自然的声音，或者留意你周围有什么声音。
3. **触**：淋浴或泡澡。体会身体与水接触的感觉。
4. **尝**：选择一种特别的零食。慢慢吃，细细品味每一次咀嚼。
5. **闻**：试着觉察周围的气味。闻一闻你喜欢的香水或者食物。

正念

聆听情绪的声音

适用于：控制情绪（而不是被情绪控制）

时间：2~5 分钟

哪怕是最强烈的情绪，也会随着时间的推移而减弱。应对极具挑战性的情绪最好的方法之一就是：觉察情绪，识别情绪，命名情绪，与之共处。有意识地觉察周围发生的事，能够增强你对情绪的控制能力。

---

1. **用正念的核心技巧——观察、描述，来觉察你正在经历的情绪。**用 0~10 分给自己打分，数字越大，情绪强烈程度越高。10 分代表你能体会到的最强烈的情绪。
2. **观察在这种情绪状态下你的身体有什么感受。**肌肉有紧绷感吗？你的面颊是否发热?
3. **用三个或者更多的词描述你的身体感受。**
4. **将你的注意力转移到你的想法上。**你有什么想法? 试着用一种不评判的态度来觉察你的想法。你就像实验室里的研究人员，只需观察，不要试图改变或影响它们。

5. **继续观察，看看整个过程中你的想法、情绪或身体感受是否有任何改变。**如果你发现自己走神了，也没有关系，将注意力慢慢拉回到练习上即可，不要因为走神而批评自己。

小贴士

如果初次使用这个方法时你不太舒服，也不要害怕，这是正常的。想想看，你是不是已经很久没有坐下来与自己的情绪相处哪怕两分钟了？

正念

腹式呼吸

适用于：减压，降低愤怒感

时间：每天 1 分钟，直到你已经习惯在有压力的时候使用这个方法

在高度紧张的时刻，慢下来，放松身体，或许能够让你感觉好一些。你有没有发现，当你感到焦虑时，呼吸会变得急促、短暂，仿佛没有足够的空气注入肺部？

这往往是因为我们使用了错误的呼吸方式。非腹式呼吸（膈式呼吸，运用胸腔和腹腔间的肌肉）很容易让人感觉到头晕目眩，甚至会引发更多压力。有意练习，能够帮助我们改变错误的呼吸方式。

---

1. **仰卧或者以舒服的姿势坐在椅子上。**轻轻地闭上眼睛或者注视前方。
2. **一只手放在胸腔，另一只手放在腹部。**感受一下，当你在压力状态下呼吸时，哪只手会随着呼吸上下起伏？（通常是胸腔上的那只手。）
3. **现在，用鼻子缓慢地吸一口气。**吸气的时候，想象腹部像气球一样，正在慢慢注入空气。让腹部

逐渐膨胀。

4. **用嘴巴缓缓呼出气息**。当你呼气时，想象原本膨胀的气球正在慢慢缩小。你可以感受到你的腹部正在逐渐凹进去，朝着脊柱方向收缩。
5. **循环往复**。吸气时向外扩张腹部，使腹部充满空气。注意，胸上的手应该保持不动。呼气时腹部放松且向内自然凹陷。尽量不要绷紧你的腹部肌肉，只需让空气自然地流入你的身体，通过你的鼻子进入腹部。呼气时，也要让空气用同样自然的方式离开你的身体。当然，当你的呼气时间比吸气时间更长时，练习效果最佳。

小贴士

一部分受焦虑困扰的青少年或许不太习惯腹式呼吸。没有关系，这很正常。意识到不同的呼吸方式以及如何进行放松式呼吸（哪怕一开始练习时你并不放松）也会有所助益。入睡前是练习腹式呼吸的好时机。

行动

写下来

适用于：降低愤怒感

时间：15 分钟

当你感到愤怒时，即使是微小的自我觉察也能起到很大的作用。愤怒会驱使我们快速地做出反应，“写下来”这项技巧可以帮助你慢下来，让你在行动前仔细思考可能的后果。

当你感到愤怒时，回答下面的问题并写下来：

- 为什么我会生气？我在想什么？我的身体有什么感受？我在情绪的控制下想做什么？
- 如果我这么做，会发生什么事情，会带来什么后果？
- 我还有别的选择吗？（试着写出一条或者两条）
- 其他选择带来的结果可能是什么？（写得越详细越好）

先思考，再行动。当然，没有完美的方案，“足够好”就行。观察一下，当你做出新的决定后会发生什么改变。

举一个例子：

胡安正在发脾气，因为爸爸告诉他，没写完作业不可以出去玩。胡安意识到，自己的核心情绪是愤怒，他想："这太不公平了！"他的面颊逐渐涨红，肌肉变得紧绷。此时此刻，胡安真的很想出去玩，不过他也想到了惹爸爸生气的后果：如果不做作业，他可能会遇到很多麻烦，那会让他更没时间跟朋友玩。于是，胡安想出了几个新方案。方案一：一边生气，一边做作业。方案二：试着跟爸爸商量。方案三：写完作业再出去玩，但是这样可能会错过和朋友看电影的机会——那会让他更生气，止不住地想"好了，现在爸爸赢了"。因此，胡安想，或许可以选择方案二。大多数情况下，爸爸都是通情达理的。爸爸也许会允许他在写完数学作业后出去玩，只要胡安保证回家之后完成剩下的部分。反复思量后，胡安决定选择方案二。

小贴士

对比一下，愤怒和平静的时候，你的表现有什么不同？试着违背第一反应去做事。例如，如果愤怒的时候你想要大喊大叫或者大发脾气，试着换用平静的方式表达自己的感受——出去散散步，甚至去道歉。这些违背第一反应的行为有助于缓解当下的紧张局面。

正念

自我关怀

适用于：当具有挑战性的情绪令你感到低落时

时间：每天 1 分钟

具有挑战性的情绪很容易让我们的自尊心受挫，感觉很糟糕，从而卷入更多的负面情绪中，比如羞耻感或内疚。这种情况在抑郁的状态下尤为常见，当然，在焦虑或愤怒的状态中这种情况也会出现。

---

1. **想一想，当你在焦虑、抑郁或愤怒中苦苦挣扎时，你会怎么看待自己？**你是否曾经相信，自己对手头的作业或任务完全不擅长，甚至是一个彻头彻尾的失败者，一切问题都是因你而起？然而，你要知道，痛苦和不完美是人的共性——这不单单发生在你身上，而是所有人都会遇到的情况，你并不孤单。只是我们已经习惯把所有错误归咎于自己，用最苛刻的方式对待自己。
2. **如果你的朋友因为同样的问题苦苦挣扎，你会对他们说些什么呢？**你会用同样严苛的方式对待他们，还是会对他们说些不一样的话？你会试图安

慰或者鼓励他们吗?

3. **花一些时间，把那些你会讲给朋友的话说给自己听。**
4. **想一想，你能为自己做哪些充满善意的事情?**
5. **允许自己休息一下。**试着用自我关怀取代自我批判。如果你觉得这个练习很难，与其一味苛责自己，不如试着对自己说：“万事开头难。我也在不断地学习，下次可能就成功了。”和其他技巧一样，自我关怀也需要勤加练习。

小贴士

尝试将自我关怀作为每天早晨必做的事情之一。在穿衣服的时候，在刷牙的时候，对自己说一些善意的、支持性的话。刚开始你可能会不习惯，甚至会感到尴尬，但只要多加练习，你就会慢慢习惯并感受到这些善意的力量。

第四章

学会改变你的想法

焦虑改变了我们看待世界的方式。蓝色的天空在焦虑的有色眼镜下会变成灰色。我们的想法也是如此——想法就像有色眼镜，过滤掉天空原本的颜色。有时候，我们会因为焦虑和愤怒而扭曲事实。

在本章中，你将会学习识别一些常见的会加剧焦虑的思维模式。这样，你就可以运用相应的策略，帮助自己以一种更健康、更平衡的方式去思考。

学会识别自动思维和负面思维

我们的大脑充满了各种想法。你可以用“现实检验”技巧，花 1 分钟，觉察一下此刻你的脑海中有什么想法。你发现了什么？

你的想法可以是积极的（“哇，这是一次很好的练习机会”）、中性的（“这本书是蓝色的”）或者负面的（“我永远也没办法掌握这项技能”）。这些想法会本能地或者在你没有意识到的情况下冒出来，我们称之为“自动思维”。负面的自动思维会将你带入恶性循环。

如果你犯了错，并且告诉自己“我又犯错了，我又把一切都搞砸了”，你的感受只会更糟糕，而这些糟糕的感受会反过来强化你的负面思维，把你带入令人痛苦的作茧自缚的循环中。我们真的很容易被情绪困住。本章的目的并不是一定要改变你的想法，而是要改变你和这些想法的关系，这样它们就不会主宰你的生活，让你更加焦虑。

思维是有黏性的

想象一下，当你看到朋友迎面走来，却没有跟你打招呼时，你会怎么想？你可能会想，“这个家伙为什么无视我？”或者“他一定是觉得我不够酷，所以不想承认我们是朋友”或者“他也许根本没看见我”。

你的想法很大程度上决定了你的感受。如果你的自动思维是“这个家伙为什么无视我？”，你可能会觉得愤怒；如果你的自动思维是“他一定是觉得我不够酷，所以不想承认我们是朋友”，你可能会觉得悲伤或者自我怀疑；如果你的自动思维是“他也许根本没看见我”，你可能会继续走自己的路，没有什么明显的感觉。

比起中性想法或积极想法，人们更擅长记住负面想法。“我的鞋子是红色的”“学校 7 点 20 分上课”，这些想法出现又消失，如蜻蜓点水，很少会吸引你的注意力；而“我的朋友都不喜欢我”却更有力量，它会黏住你。可见，你会格外关注那些令你感到焦虑的想法，并且试图摆脱它们，然而这只会让你深陷其中。

有一个小实验：接下来几分钟，请你不要想一头正在跳舞的粉色大象，千万不要想一头正在跳舞的粉色大象。现在，你的脑海中可能已经出现了一群跳舞的粉色大象。

还记得吗？我曾提到过，负面情绪就像流沙，你越想逃脱，就会陷得越快、越深。思维也是一样，你越是试图与负面思维做斗争，它们就黏得越紧，力量越大。那么，我们该如何改变困住我们的思维呢？第一步正是意识到这些思维的陷阱。

警惕思维的陷阱

你知道吗？我们的大脑天生爱走捷径。这很正常，也很健康——正因如此，人类才能思考与发明。与此同时，这也意味着大脑有时会将两件不相关的事情联系在一起，或者以一种无益的方式看待事物。这种无益的思维方式会让我们陷入更多的精神痛苦。因此，识别思维的陷阱是获得更多有益思维的重要一步。下面我列出了几类常见的会引发负面情绪的思维陷阱，在阅读过程中，请注意哪些是与你相关的。

非黑即白

非黑即白的思维方式意味着你倾向于用极端的方式看待事物，而忽略了黑白的中间地带。只要没有达到完美，你就会认为自己是彻头彻尾的失败者。比如，你可能会想“我竟然只考了 90 分！太失败了，我肯定考不上大学了”或者“我再也开心不起来了”。然而，事实通常处于黑白之间，90 分仍然是一个好成绩，并不会影响你被大学录取。有时候感到悲伤是正常的。随着时间的推移，悲伤总会消失，而你会再次感到快乐。

妄下结论

妄下结论是指，在无凭无据的情况下，你倾向于立刻对某种情况形成负面的解释。这种思维方式主要有两种表现形式：

- 读心术

  我们很多时候想当然地以为自己明白别人在想什么，或者武断地认为我们知道他人行为背后的动机是什么，尤其是关于别人对待你的方式。比如，“我哥哥没等我就关上了门，就是故意想要伤害我”。

- 预言术

  在事情发生之前就觉得未来会变得很糟糕。比如，“我肯定会搞砸这次试镜”。

然而，事实可能并不是这样。你的哥哥有可能是蓄意伤害你，但也有可能是无意为之：他没有看到你，并且不小心关上了门，这只是一个意外。你的试镜也许会一塌糊涂，可是假如你曾有过演出经历，并且扮演了重要角色，那么这次试镜你很可能会有不错的表现。

灾难化

陷入这种思维陷阱，会让你容易基于自己某一次或几次的负面经验得出泛化的灾难性结论。例如：朋友偶尔一次没有邀请你参加活动，你可能会想“他们从不主动叫我一起玩”；或者你不小心把东西放错地方，就认为“我总是丢东西”。坏事确实会发生，但灾难化思维会雪上加霜，让你感觉更糟糕。换个角度想：虽然你这次没有参加朋友的活动，但是大部分情况下你们都在一起玩；虽然有时候你会丢东西，但是谁没有丢过东西呢？

感性推理

陷入这种思维陷阱时，你可能会把感觉当作事实。因为你对某件事情有着强烈的情绪反应，认为你的想法一定符合事实。基于这个逻辑，当看牙时感到紧张，你就会觉得牙医一定很危险。如果你感到愤怒，你可能会坚信朋友对你不公平。

其实，我去看医生的时候也会觉得焦虑（我讨厌打针！），但这并不能证明医生很可怕。事实上，我的私人医生是一位非常友好的女士，她总是尽力让我保持健康。同样，我也会尽力把我的感觉和事实区分开。

忽略积极的一面

明明做得很好，你却告诉自己“这不值一提”，这种思维陷阱也被称为“妄自菲薄”。你可能会想：“这次是因为题目简单，所以我考得还不错，其实换谁都行。”消极的自我对话会让你觉得“我永远不够好”。这是谬论——你的努力是有价值的。

另一个类似的思维陷阱叫作“放大”，即用放大镜看待事物，只能看到整个图景的局部。陷入放大思维的人，往往只看到事情负面的细节而非全貌。举个例子：老师对你的美术作业提出一些小小的意见，但是总体评价很积极，你却会想“我的画一文不值”。不喜欢被批评是人类的天性，那么换一种方式——放大积极的反馈会不会让你感觉好一些？

理应如此

陷入这种思维的人，习惯于认为自己或者别人“应该”“必须”“一定要”做什么。这种扭曲的认知很容易让你陷入自我批评或对他人的愤怒中。认为“理应如此”会让你失去灵活性，给你造成更多的困扰。比如，你可能会想：“上次做演讲前，我明明应该多练习。”这种想法其实是在为过去的错误自责，而不是活在当下。再比如，你可能会想“我的朋友不应该对我说那些话”，因而对朋友产生愤怒和怨恨。改变这种思维的妙招就是，意识到万事皆有不如意的时候，但你可以做的远比现在多。如果朋友对你体贴固然很好，但是争吵之后，你们仍然是朋友，为什么不让往事随风呢？

跳出你的思维陷阱

你是否已经意识到了自己的负面思维模式？哪些思维会给你带来更多的问题或困扰？了解就是改变的第一步，你已经踏上了征程。接下来，请跟着我一起通过练习来转变这些负面想法和情绪。请记住：

- 你的想法不代表你这个人。
- 挑战你的自动思维。识别思维陷阱，形成新的思维模式。

转变想法可能很困难，毕竟你已经深陷其中多时。万事开头难。练习能够帮助你学习新的思维模式。举个例子：

> 玛丽娜对跟同学一起出去玩感到焦虑，因为“班里的女生太酷了，她们可能不喜欢我”。和同学出去的时候，她从不发表不同意见，因为害怕“下次他们就不会再愿意跟我一起玩了”。她也不愿设想自己如果被反驳了该如何应对。
>
> 在治疗过程中，我们重点识别了她的思维陷阱——非黑即白、放大与忽略积极的一面。当检验想法的真实性时，玛丽娜说，学校的同学会主动找她聊天，甚至会发信息给她，约她一起做些事情。争吵后，他们也会在第二天就和好如初。

因此，我们一起写下了“应对声明”，比如，当焦虑的想法出现时，她需要告诉自己：“我也有一些朋友。虽然争吵是难以避免的，但即使争吵，他们也是我的朋友。”当黏性思维出现的时候，可以尝试用正念和自我接纳的方法加以觉察——想法只是想法，并不是绝对的事实。

培养有益的思维模式

有益的思维并不等同于积极的思维。生病、丢钥匙、和朋友吵架……这些不好的体验必然引发负面的想法和情绪。有益的思维指的是全局思维，即意识到任何事情都既有好的一面，也有坏的一面。比如，“开车很难，我需要不断练习”与“开车很难，我永远学不会侧方停车，以后只能让父母开车带我”，这是两种不同的思维，第一种并不积极，却符合实际。

培养有益的思维需要从觉察你的自动思维开始。下面的练习“分析你的想法”能够帮助你识别思维陷阱，寻找证据，检验自己的想法是否是事实。这些技能将会帮你更有效地处理黏性思维，应对消极的自我对话和具有挑战性的场景。

行动

分析你的想法

适用于：扭转让你焦虑的想法

时间：每天一次，或在感到焦虑的时候练习

材料：日记本或者笔记本

清晰地说出你的想法，是识别思维陷阱和缓解焦虑的第一步。我们的目标是从情绪和行为中剥离出焦虑的想法。之前的练习“监测你的认知、躯体反应和行为”有助于帮你深入分析你的思维。

第一步：识别想法

将笔记本翻到新的一页。将页面平均分成三列，顶部留出一些空间（见后页示例）。每一步对应一列。

现在，想一想目前你所经历的糟糕情绪，在顶部的空白处写下情绪的名字。

然后，写下情景。参考下列问题，简要描述当时发生的事情。

1. 发生了什么事？谁参与了？
2. 如果给当时的情景照一张照片，你会从照片里看到什么？照片不会说谎，因此你可以通过观察照片的内容区分你的感受与实际发生的事情。
3. 在这种情况下，你有什么样的感受？

接下来，在第一列顶端的空白处写下“我的想法”四个字，并在下面列出任何你觉察到的想法。试着问问自己：“如果我是一个漫画人物，我旁边的对话气泡里会出现我的内心想法，那会是什么？”试着把它们写下来。

第二步：命名思维陷阱

这一步是为了识别你的思维陷阱。问问自己：“我是不是掉进了思维陷阱？我的想法是不是符合某一种思维陷阱？”因为当你有负面感受时，你往往已经陷入了某些思维陷阱。

请在第二列顶端的空白处写下“思维陷阱”并在下面列出任何你觉察到的思维陷阱。不用太担心自己列的思维陷阱到底对不对，许多想法可能符合不止一个思维陷阱。相比之下，更重要的是用观察的态度来审视你的想法。

第三步：现实检验

这一步将会帮你评估你的想法是否符合事实，让你用科学家的态度进行现实检验。请在第三列顶端写下“证据”，并写出对下列问题的回答，然后根据证据调整你的想法。

1. 有什么证据可以证明我的想法是对的?
2. 是否有证据可以证明我的想法可能不符合事实? 这个证据是什么? 尽可能列出你想到的证据。
3. 我担心的事情发生的可能性有多大?

小贴士

有时候，情况真的很糟糕。这时你可以练习接纳和应对这些情况。要记住，你远比想象中有韧性，也远比想象中有能力应对这些事。

示例:

情绪：慌张

情景：我回到家，屋里鸦雀无声，没有妈妈的声音，也没有狗狗的声音

我的想法	思维陷阱	证据	
妈妈出事了。我在学校的时候，妈妈可能被绑架了！	妄下结论 灾难化	支持的证据 • 我以往回家的时候，妈妈总是在家 • 妈妈即便不在家，也会发信息给我	不支持的证据 • 我周围从没有任何人被绑架 • 妈妈有时候晚回家会忘了告诉我 • 妈妈可能在后院或者带狗出去散步了，所以我听不到她的声音

行动

应对声明

适用于：培养有益的思维方式

时间：每天一次，或在感到焦虑的时候练习

材料：日记本或者笔记本

完成想法识别、命名思维陷阱、评估证据和现实检验等步骤后，试着汇总信息并提出可能的解决方案。“应对声明”是有效的解决办法之一，你可以考虑把它放进工具包中。应对声明指的是自动思维出现的时候你可以对自己说的话。当你把注意力集中在这些话上时，担忧的程度自然会减弱。请在完成“分析你的想法”后接着完成这一练习。

1. 根据你在上一练习的第三步“现实检验”中列出的证据回答下列问题：

- 根据现有的证据，这件事情还有其他可能性吗?
- 我最初的想法是唯一的可能性吗?
- 如果用不同的方式看待这件事情，我的焦虑会不会减少一些?

- 如果同样的情况发生在我的朋友身上，我会对他们说什么？
- 如果我担心的情况真的发生了，我是否能够应对?

2. 根据上面的回答，写出应对自动思维的相关声明。其内容应该更符合现实，更有益处。比如上一练习的示例中的情况，你的应对声明可以是："我的妈妈真的不太可能被绑架。她应该是在某个我没发现她的地方。"

小贴士

起初，你可能无法相信自己的"应对声明"。自动思维就像旧鞋子，你已经穿过几十次、几百次，甚至上千次，不一定舒服，却早已习惯。而新的思维就像新鞋子，总会需要一段时间的"适应期"。所以，你至少需要坚持一到两个星期，才能判断这种方法对你是否有效。

行动

担忧时间

适用于：限制担忧的想法

时间：每天 10 分钟

材料：日记本或笔记本

焦虑的想法会试图占据你的所有思维。有时候，刚“打倒”一个焦虑的想法，另一个焦虑的想法就站起来了。这项练习通过限定担忧的时间，帮助你调整终日忧心忡忡的状态，最终减轻担忧的程度，让你重新获得对生活的掌控感。

---

1. **每天留出 10 分钟作为“担忧时间”。**
2. **如果其他时间出现了担忧的情况，你可以非常简短地记下问题或者诱因。**然后，把全部注意力重新集中到你正在做的事情上。记住，这不是“担忧时间”。
3. **到了“担忧时间”，拿出今天一天所列的事情，尽情地去担忧吧！**不需要思考解决的方法。与此同时，试着觉察你的情绪，有没有厌倦的感觉出现？这种感觉会让你大吃一惊吗？

4. 如果你发现“担忧时间”过后，自己仍被同样的问题困扰，请把它记录下来，到了明天的“担忧时间”再继续烦恼。

小贴士

“担忧时间”不宜安排在睡前，焦虑会让你难以入眠。最好把它安排在白天。如果需要更多的时间，你也可以增加频率，比如每天两次，上午一次，下午一次；或者增加时间，比如延长至 20 分钟。

行动

现实检验

适用于：检验你的想法是否符合事实

时间：任何时候

材料：日记本或笔记本

检验和质疑头脑里焦虑的想法很难。我们脑海中都有负面的声音，有时候，你会被它们淹没。这些声音也可能不断夸大事情的严重程度，让你感到不切实际的危险。本项练习的目的是：通过现实检验来消除焦虑感。经过现实检验的新思维往往更有益，因为它着眼于全局，不会让你深陷在某种扭曲的想法中。

---

1. 完成想法识别、命名思维陷阱、评估证据等步骤后，请回答下列问题：

- 我是否混淆了想法和事实？
- 我是否确定这些想法的真实性？
- 我是否把“可能发生的事情”当成了“注定会发生的事情”？

2. 如果你对以上问题的答案不太确定，可以参考下面的补充说明，它们能更好地辅助你进行现实检验。

- 问问你的朋友们（在社交媒体上或现实生活中），面对同样的事情，他们会怎么做或怎么想。
- 上网搜索。如果你担心“我会不会被鲨鱼咬伤或者被闪电击中”，可以试着搜索事件发生的可能性。（“剧透”一下：你被其他任何东西伤害的可能性，几乎都高于被鲨鱼咬伤的可能性。）
- 写分析总结报告。当担忧出现时，请先进行现实检验，例如查询被鲨鱼咬伤的相关数据。然后根据已有证据和事实，写下你的替代性思维。

行动

唱出你的想法

适用于：从焦虑中获得力量

时间：2 分钟

当异常强烈、充满力量的黏性思维出现，而你深陷其中或者无法进行现实检验的时候，往往会出现自我批评的情况。例如，你可能会想，“我太蠢了”或者“没人愿意跟我做朋友”。本项练习旨在帮助你如实看待黏性思维——它们是可笑而没有意义的废话！

1. **识别你的黏性思维。**
2. **用熟悉的曲调唱出这些思维，比如《两只老虎》或者《生日快乐歌》。**当然，你也可以试着用卡通人物的声音说出这些思维。
3. **不断重复上一步骤，看看这样做是否有助于减弱它们的控制力。**

正念

做自己的好朋友

适用于：练习自我关怀

时间：每天 5 分钟

材料：日记本或笔记本

研究表明，自我批评会降低自尊水平和幸福水平。你不太可能用同样的方式对待你的好朋友。本项练习旨在通过换位思考，帮助你学会自我关怀。回答下面的问题，并且写下答案。

---

1. 回忆你好朋友的某一次痛苦挣扎。

- 你会如何支持这位朋友？
- 你会为他 / 她做些什么？
- 你会说什么？用什么样的语气？

2. 现在想想你自己的类似经历。你面临的可能是焦虑，也可能是其他情况。你是怎么对待自己的？你的脑海中会闪过什么样的想法或评判？你会对自己说什么？用什么样的语气？

3. 看看以上两者有什么区别。问问自己：是什么原因让你对待别人和对待自己的方式如此不一样?

4. **如果你能以回应亲密朋友的方式回应自己，事情会如何变化？哪怕只是调整语气，你的想法、情绪或者行为又会有什么改变？**下一次，当你遭遇痛苦的时候，请试着像对待一个好朋友那样对待自己。

小贴士

刚开始练习时，你可能会觉得有点儿怪，这很正常。你上次练习自我关怀是什么时候?试着每天练习，坚持一周，看看会发生什么。

正念

思维之河

适用于：让自己与焦虑的想法分离

时间：5 分钟

你的想法并不能代表你这个人。当陷入黏性思维时，你或许很难进行现实检验。正念练习可以帮助你回到当下，将“我”和“我的想法”区分开，而不是被它们困住。

---

1. **轻轻闭上眼睛，深呼吸几次。将你的注意力放在呼吸上。**
2. **想象一下，你的面前有一条汹涌澎湃的河流。**
3. **河水奔流，带走沿途的一切。**其中有鹅卵石、树叶、淤泥和树枝。有些树叶会随着水流快速漂远，另一些则卡在岩石中左右摇摆。但最终，河水会把它们都冲走。
4. **河水正如同你的内心，那些树叶、树枝和杂物就是你的想法。**河水会带走杂物，也会带走你的想法。当然，有些想法会比较顽固，如同被石头卡住的树叶，这很正常。正如河面上的那些树叶，你的想法最终也会被水流冲走。有些想法会格外令人不适，请允许自己用一种不评判的态度观察它们。最终你会发现，即使是最令人不适的想法也会随着时间的推移而消失。

小贴士

当你被焦虑的想法淹没时，你就可以默想这条河流，或者使用任何能够帮助你脱身的其他练习。练习非常重要。练习得越多，你就越容易从这些黏性思维中脱身。

行动

焦虑恶霸

适用于：让自己与焦虑的想法分离

时间：5 分钟

当你陷入极端负面信念中时，自我批评的声音就会挥之不去。意识到你正在被焦虑霸凌，有助于改变你与你的想法之间的关系，让你采取不同的行动。

1. 闭上眼睛，想象焦虑是个恶霸。

- 恶霸通过欺凌获得掌控感。如果恶霸说“你太丑了”，而你反驳说“我不丑”，恶霸就赢了。它在你的自尊心上狠狠打了一拳，而你的在乎让它获得了力量。
- 不要用它想要的方式回应它。如果恶霸说“你太丑了”，而你回答“对，我早上没梳头”，它反而会泄气。你的不屑和无视会让它失去力量。

2. **试着接纳恶霸的存在，而不是因为焦虑的想法和冲动立刻采取行动。**如果恶霸告诉你“数学课上你会惊恐发作”，你要试着告诉它：“可能吧，也可能不会，谁知道呢?！”
3. **要知道，你的焦虑有可能在平息前变得格外强烈。**当恶霸被忽视时，它会竭尽全力获得你的关注，甚至在最后的时刻拼命抵抗。但是坚持下去，你会发现，它开始逐步消失。

小贴士

给这个“恶霸”起个名字，可以帮助你更好地识别它。随着练习，你会更容易觉察因为焦虑而产生的想法和反应——当然，它们通常是无益的。这个时候你就可以进行“不采取行动”练习。

第五章

改变你的行为

有想法并不代表你必须按照想法行动。你可以试着告诉自己："我肯定读不懂这本书。"这个想法会关闭你的大脑，让你无法再阅读吗？你可能仍然读得很好。要知道，你的行为、想法和情绪是分开的。所以，你可以不按想法行事，不对情绪采取行动。本章将会教你识别能够缓解焦虑的行为，远离引发更多焦虑的行为。

回避只能加剧焦虑

焦虑会让你试图逃离或者回避某种情况。这很简单，就像房子着火的时候，你肯定会想逃跑，跑得越快越好。如果你被要求做一次口头报告，或许你也想跑得越远越好。同样是自动反应，逃离火灾有利于生存，逃离教室却有害无利。认知行为疗法的目标之一就是减少回避行为。回避只会让焦虑加剧。举个例子：

> 玛尔塔害怕蜘蛛，因为她觉得蜘蛛有毒，而且蜘蛛的八条腿也让人毛骨悚然。玛尔塔只要看到蜘蛛，就会肌肉紧绷，呼吸急促，甚至尖叫着跑出房间，直到大家向她保证蜘蛛已经死了。这种恐惧太过强烈，以至于玛尔塔决定再也不去夏令营了。她喜欢夏令营，也知道自己会错过许多跟朋友相处的乐趣，但这不值得让她冒与蜘蛛共处一室的风险。

玛尔塔跑出房间的行为（回避反应）最初颇有效果——她

躲开了蜘蛛。因此，下次再看到蜘蛛的时候，她采取了同样的行为——逃跑。逃跑再一次奏效，她又避开了蜘蛛。然而，恶果终会反噬。逃跑一次次坚定了玛尔塔的信念——蜘蛛很可怕、很危险。最终，她已经无法与蜘蛛同处一室。玛尔塔越是回避，就越坚信回避是帮她处理焦虑的唯一途径。过度依赖这种行为模式，导致玛尔塔已经无力应对问题，最终完全改变了她的暑假计划。

和许多焦虑症患者一样，玛尔塔面临以下困境——虽然某种行为在当下让你感觉很好，但是长远来看，它只会让你更加焦虑。因为，你从未学会与恐惧共存。

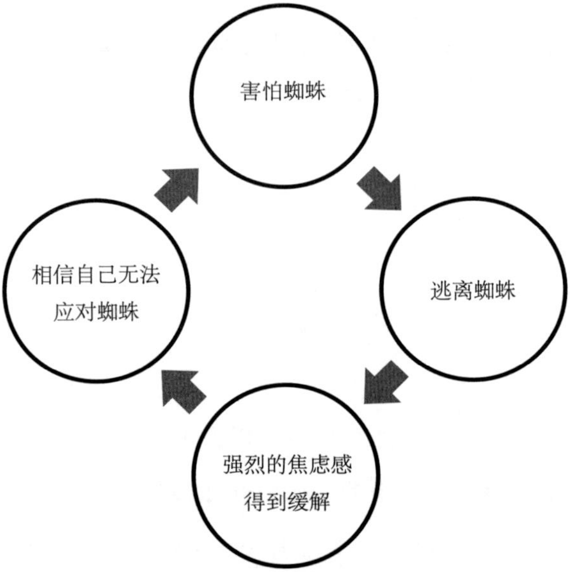

学会应对而非回避

在某个时刻，你很害怕，于是打电话给爸妈。挂了电话后，你感觉好多了。无懈可击的方式，对吗？非也。通过致电爸妈来获得安全感听起来可能是个好主意，然而，焦虑总会反噬。如果打电话给他们可以让你安心，可能最终你只有通过打电话给他们才能获得平静。倘若他们没有接电话，或者你无法打电话给他们，你该怎么办？

实际上，焦虑并不可怕，可怕的是你的反应——认为焦虑很危险，所以要立刻采取行动，从而保证自身安全。这些寻求安全感的行为不会带来实质上的改变，却能够快速平息你的焦虑。举个例子，你以为自己有心脏病，所以不断喝水来摆脱不舒服的感觉，那么喝水就是寻求安全感的行为，但喝水并不能治疗心脏病。寻求安全感的行为还有：

- **检查**：例如，反复确定是否锁好了门，是否关了煤气，确认紧急出口的位置以防万一，或者反复检查已发送的邮件，以确保内容得体、没有错误。
- **反复安慰自己或回忆某个情景，注意力涣散**：这些心理活动可能让你感觉更好，但也会让你认为自己没有处理焦虑的能力。

- **安全物件**：为了以防万一而携带特定的物品。比如不必要的药物、食品、电话本，甚至需要别人陪伴。

回避可以帮我们缓解焦虑，这正是我们喜欢回避的原因。然而，从长远来看，我们的最终目的应该是应对而不是回避，因为回避只会助长焦虑。

回避会带来更多身体上的不适

逃跑是回避的典型表现之一，回避还有其他形式——避开某件东西，回避躯体反应，甚至是通过转移注意力或者其他思维活动来压抑自己的想法。举个例子：

马尔科姆害怕死亡。一谈到这个问题，他就会试图转移话题。当马尔科姆听到别人讨论关于疾病的事情时，他就会逼自己去想无关的话题。如果听到朋友生病了，他也会在心里反复判断自己是否健康。他会给正在上班的父母打电话，反复确认自己没生病，有时候甚至会要求父母带自己去看医生，来确保自己没有生病。尽管马尔科姆没有在别人聊天时逃跑，但他也在竭尽全力地回避焦虑。

与此同时，焦虑也会带来躯体反应，比如头痛、胃疼。当然，没有人喜欢身体不舒服的感觉，但如果长期忽略躯体反应，你可能会意识不到你正在回避某些引发身体不适的场景。显而易见，从长远来看，忽略身体发出的信号，只会带来更多的不适。

当然，你很可能在理智上知道回避没有意义，但行为上还是忍不住回避。原因是，焦虑不断地教唆你："没有人会傻到面对自己的恐惧，因为面对恐惧就会有坏事发生。你不喜欢糟糕的事情，对吧？万一坏事真的发生了呢？不如逃跑算了。"下次再有同样的情况，你还会选择逃跑。无数个万一叠加在一起，就变成了 100%——注定会妨碍你的生活。

聚焦

回避模式

每个人都有专属的回避模式。了解你在回避什么，何时回避，能够有效地帮你选择应对方式，管理焦虑。请花一些时间思考下列问题，也可以写下你的感受。

- **你是否会回避某种场所或物品？**例如学校或某家餐厅，或者高处、密闭空间、针头、血、特定的食物、动物，甚至是独处。
- **你是否会回避任何让你产生某种躯体反应的东西？**比如：避免摄入咖啡因，因为你可能会感到心率异常，紧张不安；避免坐过山车，因为你可能会反胃、恶心；避免去可能太冷或太热的地方。
- **你是否会回避思考让你感到不适的事情？**比如某种特别的记忆或者悲伤的感觉。
- **你是否会反复向身边人寻求确认或安抚？**你是否总是依靠他人来面对可怕的情景？比如父母、老师或者朋友。
- **感到焦虑时，你是否会有意识地控制思维，让自己感觉好一些？**比如：
  - 把注意力从让你焦虑的话题上移开
  - 反复向自己保证事情没有出错
  - 反复思考曾经做过的事情以确定没有出错
  - 通过自我检查，说服自己不要焦虑

- **反复检查。**比如门锁、炉子、安全出口的位置，甚至是自己是否完成了某件事。
- **觉得需要随身携带某件物品，以备不时之需。**比如非必需的药物或抗菌肥皂。

上述内容体现了不同的回避模式：（1）主动型，即通过做某种事情来避免产生某种感觉，比如主动打电话或随身携带药物。（2）被动或内心活动型，即转移注意力，或者反复思考、确认、检查。你了解得越多，能做的就越多。了解回避模式可以帮助你更好地对抗这些消极行为。

直面恐惧

恐惧引发焦虑，焦虑让你回避。暴露疗法（exposure therapy）是一种心理治疗手段，它通过一系列可操作的步骤，逐步降低人们的恐惧感，使他们最终能够面对自己的恐惧。面对恐惧会让你意识到，事情并没有想象中那么危险，而你也没有想象中那么无能为力。暴露疗法是治疗焦虑相关问题的有效手段之一，尤其适用于恐怖症、强迫症和惊恐发作，也适用于其他精神类疾病的治疗，比如社交焦虑、分离焦虑和广泛性焦虑。

暴露疗法，就像在一池冷水中学习游泳，你有两个选择：（1）直接暴露，即直接跳进去；（2）系统渐进暴露疗法，即慢慢入水——首先让小脚趾碰一碰水，再慢慢浸到脚踝处，逐渐深入，直到整个身体都浸在水里。当然，两种方式都会让你湿透，都会让你不适（池子里面是冷水），没有魔法按钮能让水立刻变暖。但是，你的身体最终会适应这个温度。为了学会游泳，这些不适都是必须体验的感受。

系统渐进暴露疗法的技巧之一，是把大问题拆解成无数个小任务，逐步完成。现实生活中，你也可以尝试这种做法。如果你恐高，你可以先在二楼阳台走走，之后再去三楼阳台。习惯后，你可以试着去更高楼层。

你做得越多，得到的就越多，成长也越多。如果用 0~10 分评价你的焦虑水平（0 分代表完全不焦虑，10 分代表非常焦虑），当你第一次在二楼闲逛时，焦虑水平或许会达到 8 分，但到第 60 次时，你的焦虑水平有很大可能会下降（低于 8 分）。

能在真实场景中（比如二楼的阳台）练习最好。如果不方便爬楼，或者不敢面对真实场景，你也可以通过想象暴露法，逐级暴露于恐惧之中（也被称为“意向暴露疗法”）。

恐惧很难在一夜之间消失。暴露有时候会立刻见效，有时候需要反复尝试，这很辛苦。请记住，你能够面对一直回避的事情，这本身就是非常大的进步了！

为自己设计“恐惧阶梯”

面对恐惧，最好的方法就是从“一小步”做起，“恐惧阶梯”可以帮助你拆解目标。如果正在回避某些想要（或者必须）完成的事情，你也可以尝试“恐惧阶梯”法。首先，回答“回避模式”（第 126 页）里的问题，确认你的回避模式。其次，确认目标，恐惧的对象越具体越好，比如学习一项新的技能，与某个人交谈，在课堂上举手，完成作业或者其他的事情。最后，设定具体的暴露方式。具体步骤如下：

1. 第一步，想想你要克服的恐惧是什么。写出对你生活产生不良影响的回避行为或场景，越具体越好。比如“我无法独自开车”，逃避开车可能已经给你的生活造成了很多困难，克服这种恐惧可能会让你感到更轻松。

2. **第二步，设定具体的目标。**目标越清晰越好，比如：我想独自开车去小李家，再独自开回来。设定目标的时候，你不仅要考虑目标是什么、计划什么时候完成（下周还是下个月），还要考虑练习频率和目标难度。
3. **第三步，将大目标拆解成一系列小步骤，比如四个或更多步骤。**用 0~10 分来评估目标给你带来的焦虑程度。0 分代表毫不焦虑，10 分代表最让你焦虑和恐惧的事情。试着从分数最低的目标开始，逐步提高等级。恐惧阶梯的最后一个台阶，应该就是你的大目标。
4. **例如，我的目标是“驾驶汽车”，那就可以把它拆解成下面四个小目标：**
   - 坐上驾驶座，启动车子（3/10）
   - 离开停车场，绕着小区开几圈（6/10）
   - 开车经过几个小区，再开回来（8/10）
   - 开车到小李家（10/10）

   目标分数的设计要合理，恐惧的难度亦要循序渐进。假如对你来说，独自长途驾驶的焦虑评分为 10 分，在停车场倒车的焦虑评分就应该低一些。
5. **试一试！**在练习的过程中感到焦虑是正常的。焦虑并不危险。先从最轻松的目标开始，看看会发生什么。

如果分数最低的目标对你来说也有难度，请试着调整恐惧阶梯，找出其他更简单的第一步。每走上一级台阶，就给自己一点儿奖励。记住，你已经迈出了第一步，正在朝“从焦虑的旋涡中找回生活的真谛”前进。你应该为自己的进展感到骄傲。

以下是“恐惧阶梯”的示例。当然，人类的恐惧各不相同，目标拆解的方式也千差万别。下面的例子是为了让你更清楚地理解应该如何设计一个恐惧阶梯。

恐惧：接近或者抚摸狗狗

活动	恐惧评分（0～10）
抚摸没有拴绳子的大狗	10
抚摸没有拴绳子的小狗	8
抚摸拴着绳子的小狗	7
经过有狗群的公园	6
观看猛犬的相关视频	5
观看小狗的相关视频	4
透过窗户看外面的狗	3

恐惧：在公众场合讲话

活动	恐惧评分（0~10）
在课堂上做报告	8
在课堂上提问	5
在走廊与陌生人打招呼	4
向陌生的同学借铅笔	6
询问某位长辈厕所在哪里	3

暴露法的成功秘诀

好的计划是成功的一半。系统渐进暴露疗法的重点，不是迫使你立刻面对最大的恐惧，而是采取系统的计划，由小到大，逐步挑战恐惧。理想的情况下，暴露的过程应该像洗头发一样。洗头发要先揉出泡沫，然后冲洗，再重复一次。暴露法则要先确定恐惧的对象和情境，建立恐惧阶梯，然后练习，评估焦虑的水平，并重复上述步骤。练习过程中，你可能会感到焦虑，这很正常，要知道，恐惧反应是人类与生俱来的生理特征。我们希望通过练习，最终提升自己的生活质量。

暴露训练的小贴士：

1. **提前规划。**如果毫无准备地直面恐惧有用，人们就不会恐惧了。根据你设计的恐惧阶梯，制订一份完整且具体的计划表。比如，列出你需要做什么，大约要花费多长时间。
2. **甘愿冒险，从小处着手。**坚持，是干预中非常重要的一步。千万不要从最难的一步开始。记住，循序渐进，这样冒险会容易一些。比如，有些人怕黑，但是认为自己可以每晚在黑暗的房间里待 10 分钟，那么我会建议他们从 5 分钟开始。为了保证进展顺利，持之以恒远远好过进行一次高难度挑战后就放弃。
3. **奖励自己。**暴露练习很辛苦，所以请及时奖励自己。奖励的内容可以是小小的礼物，也可以是一些有趣的事情，只要它们能够激励你坚持下去即可。即使失败，你也应该鼓励自己尝试。只有不断尝试，才能带来最终的革新。

4. **新鲜感。**试着在不同的时间和不同的场景中进行练习。研究表明，新鲜感可以提高学习能力。你可以在家、在学校或者放学后进行练习，场景越新鲜越好。
5. **记录。**为了更有效地追踪你的进展，请在练习前、中、后分别记录你的焦虑水平。
6. **允许焦虑存在。**练习的时候，请允许恐惧和焦虑的存在，并给它们的程度打分。这种做法可以帮助你意识到，你可以与恐惧共存，并且不让它毁掉你的生活。

行动

暴露法

适用于：摆脱你的焦虑行为

时间：每周 4 次。一周选择一项新的练习内容

工具：日记本或笔记本

暴露法（系统渐进暴露疗法）就像做实验，你的实验目的是验证恐惧的真实性。你需要先确定你的核心恐惧是什么。可以问问自己：如果我的恐惧成真了，会发生什么？是受到伤害，感到尴尬，还是失败？试着写下你的核心恐惧，并且在练习暴露后，检验你的最初想法是否符合事实。

你可能会觉得很难，或者感到害怕，但是，坚持非常重要。倘若你中途退出或者逃避，也没有关系。休息一下，重整旗鼓，再试一次。在暴露的过程中感到焦虑是正常的，事实上，焦虑可能代表着治疗起了效果。

1. **设定最终的大目标后，选择恐惧阶梯上的一项作为本周的练习内容。**记住，先完成恐惧阶梯的设计。

2. 正式开始之前，请回答下列问题，并且记录下来。

- 进行本项练习时，你会面临哪些恐惧？你可能要舍弃哪些寻求安全感的行为？
- 在这项练习中，你最害怕的是什么？越具体越好。
- 练习的频率和时长是多少？（比如，每周 7 天，每天 10 分钟）

3. 进行恐惧阶梯上的练习。

- 每隔 5 分钟，在 0~10 分之间自评焦虑程度。
- 同时，请注意你有多渴望回避或者远离这种情况。
- 当你发现自己有回避的心理时，请试着描述这些情绪，比如“我很害怕……”，越具体越好。

4. 练习结束后，请回答：

- 进展如何？你恐惧的东西成真了吗？
- 从这次经历中，你学会了什么？是否发生了让你惊讶的事情？那是什么？
- 可以进一步丰富这个练习吗？比如，换一个时间练习，换一个对象交谈，选择接近其他类型的小狗，或者任何你能想到的新形式。记住，形式越丰富、越新颖越好。

5. **每个台阶上的练习起码要重复 4 次，才能考虑登上下一个台阶。**暴露的次数越多越好，它代表着你有更多的机会去学习。练得越多，你就越有成就感，也会越觉得轻松，所以每个步骤仅仅完成一次是不够的。记住，练得越多越好。

小贴士

如果你发现完成第 5 步对你来说很难，可以试着加强练习第 4 步，或者增加一个过渡步骤（第 4.5 步），让它在原来的两个步骤之间起到桥梁作用。这种方式能够让目标更切实可行。

行动

想象暴露法

适用于：改变你的焦虑反应

时间：每周 4 次

材料：日记本或者笔记本

想象是最有力的武器之一。当你没有准备好置身于真实场景中时，可以用想象来热身或者过渡。想象暴露法也适用于真实生活中不常出现的情况，比如，对恐惧飞行的人来说，在真实生活中练习的时间和金钱成本太高。这种方法还适用于有危险的现实生活场景，比如你害怕在睡梦中遭遇入室抢劫。这种无法复制的情况只能采取想象暴露法。

当我们因为某些事情担忧时，焦虑的想法会不断地冒出来，比如被抢劫或被枪杀这种通常不会发生的事情。这就像“打地鼠”游戏，你试图把那些可怕的想法砸下去，但它们会不断地冒出来。想象暴露法强调，想法不一定代表事实。这种暴露法的主要方法是，通过谈论恐惧，让人们意识到“最可怕的也不过如此”。此外，我们重复做一件事的时候，自然会感到厌倦，恐惧也是这样。所以我们可以通过重复想象来减轻恐惧。

1. **选择一种你可能还没准备好面对或者无法面对的恐惧，比如对车祸的恐惧。**
2. **以短篇小说的形式写出你的“噩梦”。**想象你正在现实生活中经历某个让你恐惧的场景，调动所有的感官来描述这个场景，越生动越好。你看到了什么？你听到了什么？你闻到了什么？品尝到了什么？触摸到了什么？越具体越好。例如，写出在这种令你恐惧的情况下，你的身体有什么感觉，你出现了什么样的想法。这个步骤的目的是让你面对恐惧。所以，一篇好的“短篇小说”自然会让你感到害怕。
3. **写完后，朗读这篇小说。**如果你愿意，你也可以录下来，回放给自己听。
4. **读完或听完后：**

- 用 0~10 分来给你的焦虑程度打分。
- 描述你现在对这个场景的感受，比如“……让我感到害怕”。越详尽越好。
- 你有什么收获吗？练习过程中，有没有发生什么让你惊讶的事情？
- 下一次，你还能做些什么让小说的内容更丰富、更生动？

5. **每天听或者读 4 次这篇小说（可以连续进行，通常很快就能读完一遍）。**每天追踪你的焦虑程度——是稳定的，还是有所变化？

小贴士

长远来讲，直面恐惧有助于克服恐惧。在这个练习中，你面对的恐惧越多，练习效果就越好。你也可以将想象暴露和常规暴露练习结合起来。比如，爬到楼顶，读你的恐惧小说——“我害怕从楼上掉下去”。和所有的暴露练习一样，多重复几次。我知道，这听起来非常反直觉，但是，直面恐惧确实可以消除恐惧。

行动

身体暴露法

适用于：挑战你关于身体症状的危险性的观念，尤其是在惊恐发作期间

时间：每天 5 分钟

材料：吸管、办公椅

焦虑由三个部分构成：认知、行为和躯体反应。前面提到的两种暴露法聚焦行为，身体暴露法则聚焦躯体反应。通过体验焦虑引发的躯体反应，你能检验自己的想法是否符合事实。下面的练习或许会带来不适感，但是不适感正是我们需要练习的原因。身体暴露法旨在通过刻意引起躯体反应来验证恐惧的真实性，比如，头晕会不会让你昏迷？过度换气会不会导致心脏病发作？身体暴露练习将会向你揭示真相。

请尽可能尝试以下清单中的所有活动，从而选出符合你情况的部分。完成每个练习后，请用 0~10 的分数来表示你的不适程度，用 0~10 的分数来表示你的焦虑程度。观察不同活动带来的感受，以及这些感受与你焦虑时的躯体反应的相似程度。每天一次，坚持一周，追踪并对比不适感和焦虑水平的变

化。如果你害怕某种躯体反应，也可以借此机会看看它是否像你想象的那样可怕（此练习需有家长陪同以保证安全性）。

- **吸管呼吸法**：拿出一根吸管，捏住鼻子，通过吸管吸气、吐气。
- **旋转**：坐在办公椅上，旋转 1 分钟，转得越快越好。
- **平板支撑**：坚持平板支撑的姿势 1 分钟。
- **摇头**：左右摇头 30 秒。
- **原地跑步**：原地跑步或上下台阶，坚持 1 分钟。
- **屏住呼吸**：屏住呼吸 30 秒。

小贴士

注意观察你是否有回避行为。有时候，回避行为是隐形的，比如提前结束练习或者作弊。全身心投入练习，才能让效果最大化。

改变从摒弃坏习惯开始

除了回避，还有其他坏习惯在维持焦虑循环。比如，消极思维和负面感受也滋生了焦虑和恐慌。阅读本节的坏习惯清单，看看你是否有这些习惯。你想改变它们吗？要知道，意识到它们的存在，就是改变的第一步。

不要成为完美主义者

想要变得完美有什么错？在一定程度上，高标准能让你成为更好的人。但是，完美主义指的是给自己设定不切实际的目标。完美主义者往往坚信，达不到目标（那几乎是无法完成的）就意味着失败。

每个人都有犯错的时候。大多数人并不喜欢犯错，但是他们能明白错误是生活的一部分，并从错误中成长。而对于完美主义者来说，犯错有着特殊的意义——它是灾难的标志，代表着自己的失败，所以需要不惜任何代价避免犯错。举个例子，莎拉是一名全优生，她认为，任何低于满分的成绩都代表着她的无能。因此，她每天都会把大部分时间用来学习，确保自己对教材内容了如指掌，倒背如流。她拒绝任何与学习无关的社交活动，以防犯错。虽然莎拉成绩优秀，老师对她的评价极高，她却总是为成绩感到紧张，担心会失败。

为了缓解完美主义带来的焦虑和压力，你可以尝试下列步骤：

1. **意识到你的完美主义倾向。**
2. **识别你的错误思维。**请通过之前的“分析你的想法”和“应对声明”来确定你的思维模式，了解如何修正错误思维。
3. **使用暴露法。**为你的完美主义设计恐惧阶梯，比如，故意把东西弄乱，迟到 5 分钟或者允许论文里出现错误。试着观察你内心最恐惧的事情有没有成真。如果真的发生了，你能应对吗？

不要陷入反刍思维

反刍，指的是你在脑海中翻来覆去地回想某些负面经历。听起来，反刍能够帮助你了解问题的来由，寻找解决方案，但实际上，它只会让你陷入负面想法循环的深渊。反刍行为与抑郁症高度相关。

任何事情都可能引起反刍——刚才的约会、即将到来的足球比赛、喉咙的痛感……反刍的危险性在于，它让你感到自己很糟糕。反刍也可能形成自证预言（即当你遇到困难时，坚信自己没有能力，并且不自觉地按照“我没有能力”的预言行事，最终令预言发生）。

反刍的陷阱在于，强迫自己不去思考那些困扰你的问题，只会让问题变得更糟。比如，现在请不要想象一头粉红色的大象——你看，你的脑海中一定出现了一头粉红色的大象。本书第三章的正念技巧和本章的暴露法，是处理反刍的有效方法。当然，觉察你的想法而不采取行动，可能会让你感到焦虑，不过没关系，觉察情绪也是一种暴露技巧。你正在面对和理解自己的恐惧，而不是反复思考，试图快速解决问题。

停止强迫行为

强迫行为指的是为了缓解焦虑而采取的行为，常见于强迫症患者。强迫思维和焦虑的想法一样，有黏性，令人不适，会引发心理困扰和焦虑。感到焦虑的时候，你总想做一些事情来摆脱焦虑，你想做的这些事就是强迫行为。它们会帮你缓解焦虑，让你的感觉暂时变好。

但是，长期来看，强迫行为只会让你产生更多的强迫思维。举个例子：

> 凯莎出门后，怀疑自己忘了锁门。她担心如果门没有锁，可能会有人来偷东西。这些想法让她很焦虑，于是她回到家，检查门有没有锁好。回家检查门锁，让她的感觉暂时好转，然而，这种感觉并不持久。几分钟后，担忧的想法又出现了："我要不要检查一下窗户？可能有一扇窗户没关好。我要不要再检查一下门？可能门没有锁好。"可想而知，凯莎重复了她的强迫行为——再次回到家，检查窗户，检查门锁，以防万一。

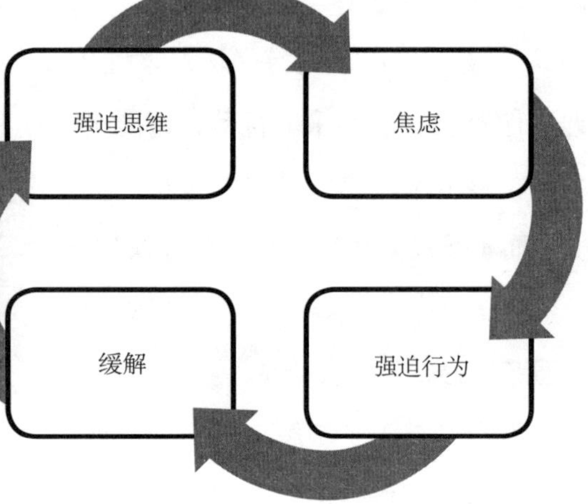

研究表明，阻断恶性循环最好的方法之一是停止强迫行为。这听起来有难度，却值得一试。要知道，强迫行为无法解决长期问题。试着不要屈服于你的强迫行为，之后你可能会发现，自己可以与焦虑共存，有时候，焦虑情绪甚至会自行消退。下列技巧有助于缓解强迫行为：

1. **追踪你的强迫行为。**使用之前的“追踪焦虑”部分所述的方法。
2. **设计恐惧阶梯。**需要包括两项内容：减少强迫行为、面对强迫思维。
3. **选择一种强迫行为，对其实施暴露疗法。**立刻停止强迫行为是一件很难的事情，你可以从在一段时间内控制强迫行为开始。比如告诉自己“晚上 9 点之前，我不会去检查门锁”，等到下一周，再延迟到 9 点半。

不要压抑你的情绪

把坏情绪推开，听起来也是一种方式。毕竟，你看这本书的原因，很可能是焦虑让你不适且难以应对。然而，情绪是无法被压抑的，短暂的压抑势必导致更大的爆发。

情绪就像瓶装苏打水，拼命摇晃后，它会喷射出来。如果你一直压抑自己的情绪，终有一天，它会像火山一样爆发。反之，慢慢打开瓶子，每次放一点儿气，就可以让它处于可控状态。对情绪而言，觉察它有利于提高我们的控制感，让你知道，虽然情绪让人不适，但是你可以掌控它。

正念练习有助于提高觉察能力，让你学会活在当下，用一种不刻意、不逃避、不评判的方式觉察情绪，与之共处。

关注肌肉紧绷的状态

焦虑时，身体可能也会有不适感，比如感到紧张、无法放松。身体肌肉紧绷，就会让人更加焦虑，身体的应激状态可能会引发更多的焦虑想法和行为。此时，你的身体已经准备好随时进入焦虑模式。

这种状态有损健康。你是否注意到，你在焦虑的时候会磨牙或者握紧拳头？有人几乎每天都处于肌肉紧绷的状态，只是程度略轻，比如全天都浅呼吸——腹部有紧张感时，人们往往会采取膈式呼吸法，而不是腹式呼吸法。膈式呼吸会让呼吸短促，让人更容易头晕。

如果你出现了上述症状，就说明你的焦虑正在通过身体寻求表达。你可以尝试下列技巧：

- 呼吸练习。如彩色呼吸法、四拍呼吸法或腹式呼吸。
- 渐进式肌肉放松法或身体扫描练习。觉察放松和紧张时，身体的感受有什么不同。还有一个小技巧：你可以在手机上定时，每隔1小时检查一下肌肉是否处于紧绷状态。

物质滥用

服用药物、吸烟或饮酒似乎可以缓解焦虑，但是，停止物质滥用后必然会有反弹效应。长期来看，回避只会让你失去学习应对策略和技巧的机会。解决焦虑的唯一方法就是，直面它。

还有一个潜在的风险——物质滥用可能会让你更焦虑，因为咖啡因、尼古丁等会诱发更多的躯体焦虑症状。它们也具有成瘾性，会让你的状态雪上加霜。

所以，你不如换一种方法，勇敢地了解你自己，并寻找替代方案。你可以参考之前的内容“监测你的认知、躯体反应和行为”，想想你为什么要求助于物质。当然，你也可以使用本章中的技巧，比如下面将介绍的“反向行动”——用一个更健康的行为来取代坏习惯。

养成新的好习惯

你是否有上述坏习惯？这是否给你的生活造成了困扰？希望下面的练习可以帮助你改变这些回避行为和不良行为。我知道，改变可能很难，毕竟你已经习惯了使用这些消极的应对方式，并且养成了解决焦虑的固定模式。没有关系，随着练习次数的增加，你终会养成新的习惯。

行为

反向行动

适用于：改变令人不适的情绪

时间：每天一次

出现情绪是正常的，所有情绪都有其原因和意义——它们会促使你以某种方式行事。听起来，采取与感觉相反的行动有悖常理，但这也是抵抗痛苦情绪的有效手段之一。反向行动不是压抑感受，而是选择与感受不同的行为。当情绪妨碍你的生活时，可以采用这个方法。

---

1. **识别当下的情绪。**你是感到焦虑、伤心、愤怒，还是别的什么情绪？
2. **想一想这些情绪会让你采取什么行动。**通常：

- 焦虑让你想要回避或者逃跑
- 愤怒让你想大喊大叫或者采取攻击行为
- 悲伤让你想要退缩

3. **考虑是否有必要因为情绪而采取行动。**想想看，这样做会有什么后果？

4. 如果你的行动可能引发负面后果，试着采取反向行动。让我们用内心的反抗精神来处理情绪，试着采取和本能相反的行为，直到负面情绪消退。

- 焦虑时，尝试一次次直面恐惧
- 感到愤怒时，请对你想要攻击的人做一些友好的事情，或者练习与他们共情
- 感到悲伤时，请主动参与一些活动，而非退缩

小贴士

和暴露法一样，反向行动也可能会让人感到不适，因为它在挑战你的旧习惯，所以请在放弃前多尝试几次。坚持一周，看看反向行动会不会改善你的情绪。反向行动也是减少物质使用的有效策略之一。

行动

正强化

适用于：让困难的任务变得简单

时间：花 10 分钟完成计划，每周一次

材料：日记本或笔记本

改变坏习惯对所有人都是一种挑战。适当的奖励可以让你保持动力，坚持下去，变得更健康。孩子会为了贴纸和小奖品而努力，成年人也一样，没有人不喜欢奖励。我曾为一位年轻的来访者制定奖励制度，奖励她的每一个小小的进步，以此帮助她在遇到困难的时候保持动力。这个方法非常有效！她说："面对不适感本是一件很难的事情，但心怀期望能让事情变得容易许多。"

---

1. **想一想你喜欢的活动或者想要得到的东西。**把它们写下来，比如玩 Xbox（游戏机）、吃冰激凌，或者奖励自己一个你负担得起的小东西，也可以是参加某个你期待的活动。参考"做一些有益的活动"一节。
2. **制定每周目标。完成目标后，给自己一个小奖励。**设定目标时，请确保它们是可以实现的。比

如一周进行 3 次正念训练，使用恐惧阶梯来面对某种恐惧，或者记录你的想法并且每周坚持 4 天。当然，你也可以增加目标难度，但是目标过高、难以实现的话，只会让你更容易受挫。

3. **选择完成目标后的具体奖励。**可以选择上述清单中的礼物，完成目标后，奖励自己这个礼物。

小贴士

达成目标前，请不要预支礼物。你可以通过奖励每一个小进步来激励自己向着更大的目标前进。我也一直在使用这个方法，比如每工作 30 分钟，就奖励自己 5 分钟的上网时间。

行动

应对卡片

适用于：选择有效的应对方式

时间：用 20 分钟准备，在任何需要的时候使用

材料：卡片

记住并学会如何管理焦虑，是一件有难度的事情。我们可以先从建立“卡片库”开始——在卡片上写下相关应对方式。当然，长期的练习最终能够让情绪管理变成一种本能。

---

1. 从下列条目或本书其他内容中选择适合你的应对方式：

- 提醒自己，焦虑引起的躯体反应（如呼吸急促或恶心）只是战斗–逃跑–冻结的正常反应。列出相应的应对方式，比如深呼吸或运动。
- 选择适合你的正念方式来觉察你的想法或者行为。
- 列出你常有的思维错误，并且附上一份现实检验计划或应对声明。
- 用自我激励的语句来对抗自我批评，比如：

“虽然很难，但是我可以！”

- 提醒自己，这些感受终会慢慢消失。例如“焦虑就像海浪，起起伏伏，而我定能乘风破浪”，或者进行想象练习（思维之河等），告诉自己：“想法就如同漂浮在河面上的一片叶子。”
- 当暴露法让你感到不适时，提醒自己，你的目标是什么。例如，“我正在学习如何应对令人不适的感觉”。

2. **在卡片的一面写下应对方法的名称。**
3. **在另一面描述具体使用方法。**要包括其他有用的信息，比如，“需要快速冷静时，用这个”。
4. **塑封卡片，用装订圈把它们串起来，或者挂在装饰品上，随身携带。**

小贴士

如果你不喜欢随身携带卡片，也可以用手机或者拍照等方式记录这些内容，这样既不显眼，也可以随时查看。社交媒体上可以找到很多自我激励的语句。

行动

问题解决

适用于：寻找问题的解决方法

时间：5~10 分钟，根据需求增加频率

材料：日记本或者笔记本

我们很容易被焦虑突袭，并随之陷入情绪和行为的恶性循环。然而，面对情绪风暴的时候，人们很难意识到问题有解决方法。研究表明，集中注意力寻找问题的解决方法有助于缓解当下的情绪风暴。

---

1. **列出问题。**一次只关注一个问题，对问题的描述要尽量清晰和具体。
2. **分解问题。**如果问题太大或太含糊，类似于“我做不完工作”，试着把它缩小为更具体的内容，比如“我有一篇四页的论文需要在周二交，我感到不堪重负”。
3. **集思广益，头脑风暴。**记住，在这个阶段不用考虑方法的好坏，你可以写提纲或发邮件给老师申请延期，也可以干脆不写论文。在这个阶段要避免评估解决方案。如果无法想出解决方案，你可以寻求朋友或家人的建议。

4. **评估解决方案。**确定每个方案的利弊，并且记录下来。
5. **选择最合适的解决方案。**很难有完美的解决方案，选择一个相对比较有用或者可以带来改变的方案即可。

小贴士

问题解决法仅适用于改善人们处理和解决实际问题的能力。针对非理性的恐惧，比如“我担心自己在篮球比赛中会心脏病发作”，请选择其他应对方法。

正念

想象成功

适用于：关注成功的体验

时间：每次 5 分钟，每周 3 次

材料：日记本或笔记本

想一想，你每天浪费了多少时间在焦虑上。如果害怕飞行，你就会不断思考飞行可能带来的危险，却很少思考有效控制焦虑后，生活会有什么改变。这项练习旨在帮助你想象一个积极的结果。运动员也会用这个技巧——他们会在脑海中反复演练成功传球或者投球命中等场景。

---

1. **选择一个具体的焦虑场景，比如独自在家、与新同学交谈、考试或见医生。**
2. **花几分钟想象自己克服困难的成果并写下来。**越具体、越生动越好。你可以看到些什么？你的身体会有什么样的反应？（记住，焦虑往往伴随着躯体不适。所以指望杀死蜘蛛的时候你的身体毫无反应是不现实的。）你会听到什么样的声音？（掌声？欢呼？）别人会对你说什么？你会对自己说什么？当然，预想的结果需要基于你的实际

情况，要贴近现实而非过于理想化。

3. **细致生动地想象一个积极的行动或结果后，请以你觉得舒服的姿势躺下。**闭上眼睛，将注意力集中到呼吸上。深深地吸气，慢慢地吐气，感受每一次呼吸。
4. **现在请想象自己成功的场景。**想象自己完成了任务，想象会出现的场景、声音和身体的感觉，想象你会说什么或者做什么。

小贴士

面对真实场景前，先用想象成功法在心中演练。面对真实的场景时，再使用正念或暴露法为自己保驾护航。

正念

情绪冥想

适用于：缓解被情绪淹没的感觉

时间：10 分钟

过多的焦虑和负面自我对话，可能会让你心力交瘁、对自己失望。情绪冥想法有助于缓解过度担忧。

---

1. **找一个安静的地方。**以舒服的姿势坐下或躺下，闭上眼睛。
2. **以呼吸为锚，将你的注意力固定在当下。将**注意力集中在呼吸上。当然，焦虑的想法可能会浮现在你的脑海中。觉察杂念的出现，并轻轻地将注意力拉回到呼吸上。
3. **吸气，想象自己吸入了平静与安稳。**呼气，想象自己呼出了所有的压力、负面情绪和让人窒息的想法。
4. **再次吸气，想象你正在吸入所有的应对能力。**呼气，想象你呼出了所有的负面体验，感受它们随着呼吸离开你的身体。

5. **继续以你的呼吸为锚。**吸气，吸入力量、积极和健康的想法；呼气，呼出歪曲的想法、担忧、焦虑和所有的痛苦。

如何应对惊恐发作？

惊恐发作是焦虑症的一种躯体表现。在第一章中，我们讨论了焦虑（以及其他情绪）的三个重要元素：认知、躯体反应和行为。和所有的情绪反应一样，惊恐发作也包含了以上三个重要元素。让我们分别来看。

躯体反应：这是惊恐发作的核心。你的身体完全进入了战斗–逃跑–冻结模式，躯体反应往往在焦虑产生后的几分钟内迅速加剧，你可能会注意到这些症状（参考图 5–1）。

认知：战斗–逃跑–冻结模式是人们面对危险的本能反应之一。惊恐发作时，你做好了面对危险的准备，却找不到任何危险，只能把注意力集中在躯体反应上。惊恐发作时常见的想法是——

- 我一定要疯了
- 我要失去控制了
- 我要心脏病发作了
- 我会死的

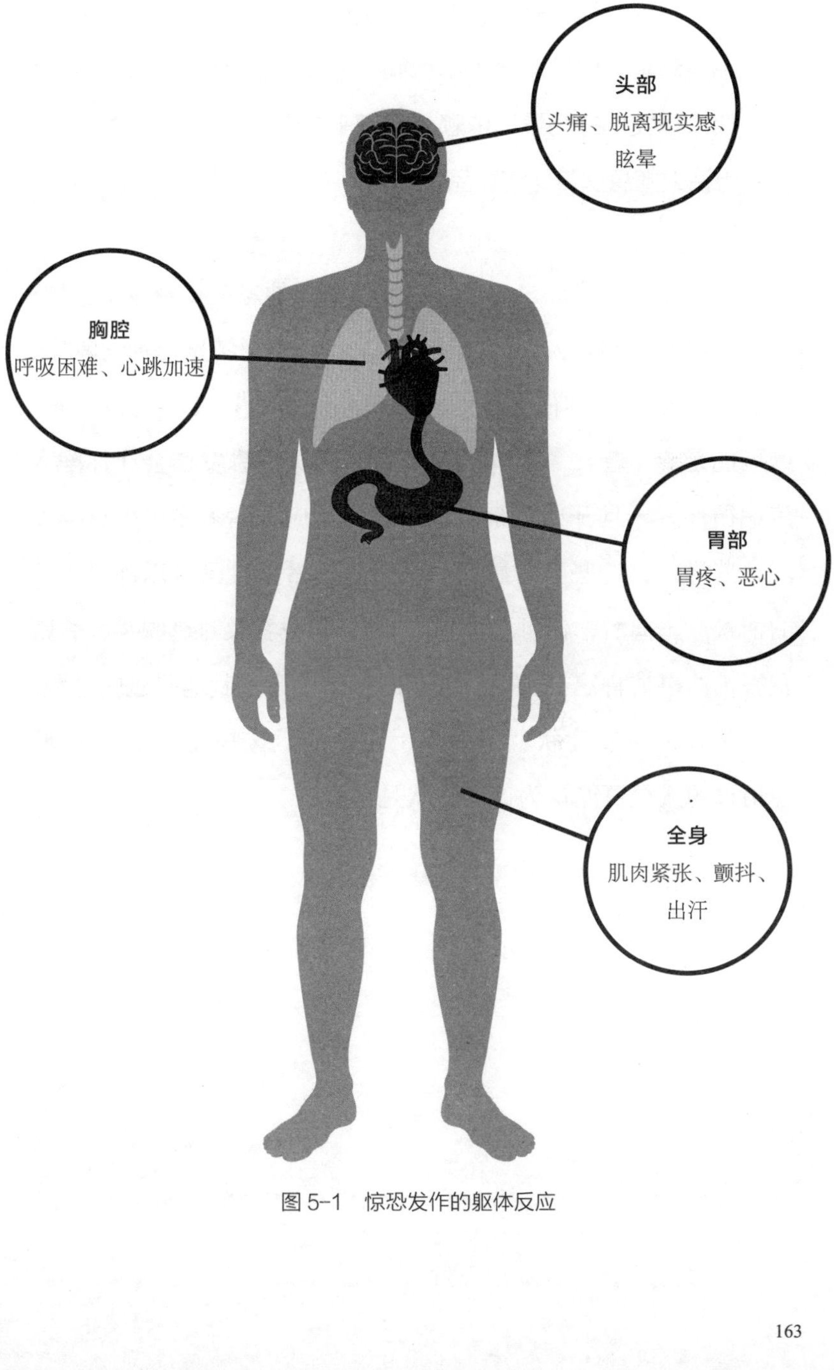

图 5-1　惊恐发作的躯体反应

行为：当你有强烈的生理不适和可怕的想法时，你自然想要逃跑。你可能会跑出房间，呼吸新鲜空气，回避曾经使你惊恐发作的场景，依赖外界带来的安全感，比如给父母打电话或随身携带特定物品。

惊恐发作的特征之一是突然发作的强烈恐惧和身体不适感。第一次惊恐发作时，人们往往惊慌失措，觉得特别恐怖。其实，惊恐发作和任何其他类型的负面情绪一样，存在着诱发因素，这可能是一个想法、躯体反应或者行为。惊恐发作会让你陷入焦虑循环。一旦开始观察自己的躯体反应，你多多少少总会发现一些异常，这些异常感受令你强烈地希望自己可以逃离当下的情景。逃离后，你可能会想："哇，幸亏我及时逃脱了，否则我害怕的事情肯定会发生！"从此，你就会不断地回避或逃跑。惊恐发作的主要症状就是躯体反应，由于这些感受非常强烈，经历过的人很可能认为这些症状是危险的。

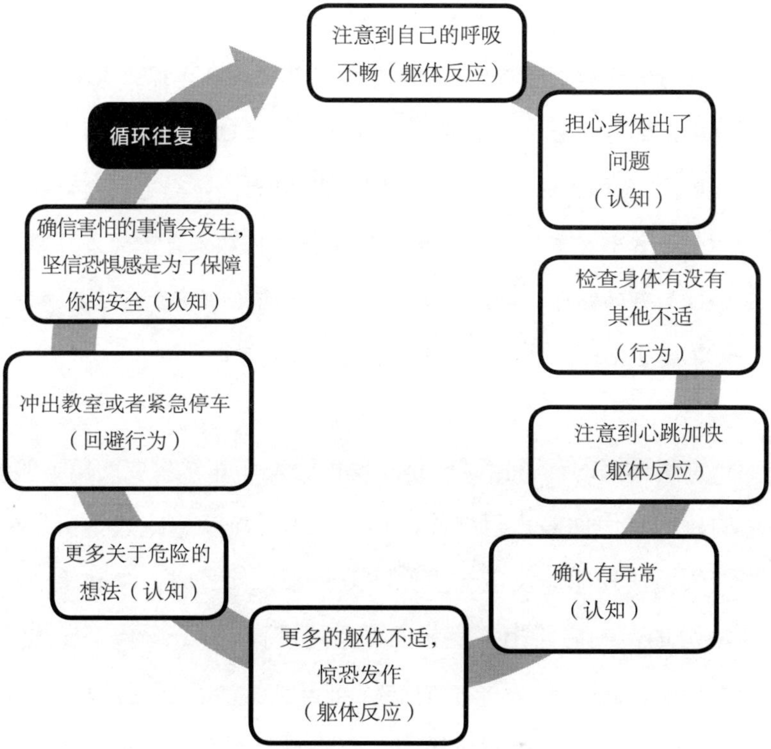

图 5-2　惊恐循环示例

早期预警信号

通过练习，你已经学会了识别惊恐发作的预警信号。通过追踪记录这些信号（它们是你特有的认知、躯体反应和行为），你可以更好地了解自己的“惊恐发作”模式。注意哪些症状会先出现，在什么情况下出现。对有些人来说，诱因可能是躯体反应；对另一些人而言，诱因可能是某种认知。

西玛因为惊恐发作的问题前来咨询，于是我们开始追踪她的发作模式。西玛意识到，自己总会在数学课上突发惊恐，诱因常是一个特定的想法。这件事情让她很诧异。这个想法是："我想逃的时候是逃不掉的。"随后，她会感到瘙痒，产生更多令人不适的想法和躯体反应。确定了自己的发作模式后，西玛就可以使用暴露法，让自己留在当下，而不是逃跑。之后她发现，惊恐的症状逐渐自行消失了。

觉察早期的预警信号，是管理惊恐发作非常重要的第一步。它的目的是使你停止阻抗或逃跑，因为阻抗和逃跑只会引发更强烈的想法和躯体反应。当你注意到预警信号时，拿起笔，在0~10分的范围内给相关症状的严重程度打分，0分代表一点儿也不严重，10分代表非常糟糕。问问自己能否忍受这些症状，而不是陷入更多的焦虑想法中。允许自己忍耐5分钟，看看情况会不会有变化。

惊恐发作的真相

惊恐发作有一个秘密，那就是：它虽然很可怕，但并不危险。惊恐发作只是一个虚假的警报，试图欺骗你面对假想的危险。当你预感惊恐快要来临时，请记住：

惊恐发作不是心脏病发作。由于惊恐发作的症状涉及许多重要器官，人们经常担心自己患有严重的身体疾病而到医院或急诊科就诊。实际上，它并不危险，并不会引发心脏病或者其他威胁生命的疾病。你应该相信医生的诊断。

惊恐发作不会让你窒息。惊恐发作期，你会吸入更多氧气。因为过度吸气，你可能会感到呼吸困难或头晕。这感觉很不舒服，因为你吸入氧气的速度比呼出二氧化碳的速度快，这可能会让你产生类似窒息的感觉。但是，你并不会真的窒息。

惊恐发作不会让你失控。当你不遵从战斗–逃跑–冻结模式时，焦虑可能会引发非理性的恐慌（比如“我快要失控了”“我快要发疯了”）。然而真相是，惊恐发作本身就是一种控制能力——控制你采取回避行为，比如逃跑。你可能会觉得幸好自己“及时”逃开了，这种虚假的安全感，正是焦虑欺骗你的另一种方式。

惊恐发作存在诱因。看起来，惊恐发作是随机发生的，事实上，它存在着一定的诱因，只是你可能没有发现。一旦你弄清楚了这些诱因是什么，就更容易控制惊恐发作。

行动

应对惊恐发作

控制和阻止惊恐发作的方法之一是：接纳它。听起来很荒谬，但是当你真正能够面对惊恐发作的时候，你就会发现，它并没有想象中那么危险，而你也拥有足够的应对能力。当你拥有了这样的信念后，惊恐发作便会消失（或者起码强度降低）。因为相信自己，是打破焦虑循环的魔法。让我们按照下面的步骤，练习处理惊恐发作。

---

1. **定期追踪。**使用“追踪焦虑”练习来了解诱因和引发惊恐的场景，分别记录你的认知、躯体反应和行为。
2. **识别思维陷阱。**“灾难化”和“妄下结论”是易惊恐发作的人中两种典型的思维错误。参考“跳出你的思维陷阱”练习，找出你的思维错误，并使用“现实检验”和“应对声明”，进行现实检验和应对练习。
3. **惊恐发作时，你往往无法使用任何技巧。**惊恐发作时，你的身体异常不适，逻辑思维早已丢到九霄云外。请试着在惊恐发作之前或之后使用这些管理情绪的技巧。

4. **控制惊恐发作的方法之一是暴露法。**找出5件令你恐惧并回避的事情，使用“恐惧阶梯”，逐步暴露。请确保足够的暴露时间，例如“我会在车上待够5分钟，哪怕我已经开始有惊慌的感觉”。
5. **使用身体暴露法。**注意观察，做哪些练习时与惊恐发作有相似的身体症状。如果某些练习让你感到焦虑，你可以把它们加入“恐惧阶梯”的练习。
6. **惊恐发作期间，用任何你喜欢的正念练习让自己留在当下，与想法和躯体反应待在一起。**记住，你远比自己想象的强大。

如果你发现本书的内容不足以帮助你应对焦虑，或是仍然因为惊恐发作备受煎熬，请记住，还有许多方案可供选择。你可以寻找使用认知行为疗法治疗的心理咨询师，进行一对一的心理咨询，探索对你有效的应对技巧。

结语

自我关怀，坚持练习

没有完美的生活。作为人类，我们都会有喜怒哀乐，包括焦虑。生活就是起起落落。希望这本书可以给你提供一种新的选择——用新的方式控制焦虑，增强跌入低谷后的反弹力。尽管焦虑会带来不适（有躯体上的也有情绪上的），但它是你的一部分，所以不要试图回避、逃跑或者压抑焦虑。本书的目标是，帮助你拥有更深的自我觉察力和自我接纳力，从而学会接纳自己的负面情绪。只有这样，你才会发现，原来情绪就像河面上漂浮的一片树叶，即使是最糟糕的情绪，也终会随水流而去。

当然，没有万能的方法。本书提供了多种技巧和练习，在面对焦虑的时候，你可以选择不同的方法。如果不确定什么时候用什么方法比较好，你可以参考第 173 页的“青春期抗焦虑行动计划”。

要知道，进步的路径从来都不是一条直线，而是蜿蜒曲折的。克服焦虑的路上，我们会一不小心又落入旧习惯，没关系，你可以随时修正——重新阅读本书中适用的部分，继续练习新的应对方式。不必太过自责，每个人都有失败的时候，而你，也只是在某种情况下会失败。请你怀有一颗自我关怀的心，坚持练习，庆祝自己每一小步的成功。

附录

青春期抗焦虑行动计划

制订行动计划，能帮你更高效地使用本书。计划不需要太复杂，简单的计划也会生效。记住，我们的目的是控制焦虑，而不是创造焦虑。即使你觉得自己已经准备好，也要避免“一口吃成胖子”。新的应对方法需要花时间才能变成习惯。循序渐进，才能让它们融入你的日常生活。

下面是行动计划的示例。你可以直接使用，也可以自创。我希望，最终你可以逐步创造出属于自己的工具包，内含多种应对技巧，以供你在不同的时刻单独或者一起使用。放入工具包内的技巧，起码要单独练习一周以上。每周增加一个新技巧，练习的同时还需要温习旧技巧。例如，第一周进行追踪焦虑练习，第二周进行正念练习，第三周进行积极思维练习，以此类推。通常，你需要 6 周到 6 个月的时间来完成一份完整的行动计划表。

注意，“追踪焦虑”和“监测你的认知、躯体反应和行为”是所有焦虑行动计划的基础。人无法控制未知的东西，这两项基础技巧可以帮你更好地了解自己焦虑的本质。

广泛性焦虑障碍

- 建立一套自我关怀的流程：固定入睡时间，每周起码锻炼 3 次（每次 30 分钟）。
- 选择一个正念练习，坚持每天进行。如果入睡困难，你可以在睡前尝试。
- 每周进行两次积极思维练习，识别思维陷阱，练习相关应对方式。
- 在引发焦虑的情境中，采取反向行动。
- 每周进行一次暴露练习。
- 找出你最常用的应对方式，例如携带应对卡片。

社交焦虑障碍和分离焦虑障碍

- 每周进行 4 次对你有效的应对练习，实现控制负面思维的目的。
- 每周进行 3 次正念练习，降低焦虑的初始水平。
- 在社交场合中寻找你喜欢的活动。例如，如果你害怕人群但是喜欢滑冰，你可以试着去人多的滑冰场。
- 每天进行一次暴露练习，直面让你恐惧的情况。
- 找出你最常用的应对方式，例如携带应对卡片。

特定恐怖症

- 识别你身上常见的思维错误，确定你的应对声明来面对特定恐怖症。
- 设计“恐惧阶梯”，进行暴露练习。面对恐惧的次数越多，效果越好。你可以逐步加强暴露程度，直至核心恐惧，或者为了更快见效增加暴露时间。
- 找出当你感到焦虑时有效的应对技巧。

惊恐发作

- 使用“应对惊恐发作”练习。
- 每周进行 5 次正念练习，降低焦虑的初始水平。
- 自我关怀。保证充足的睡眠、健康的饮食和良好的运动习惯，它们也有益于缓解躯体症状。
- 每周完成 3 次自己喜欢的活动，降低焦虑的初始水平。

强迫症

- 每日定时追踪你的强迫思维和强迫行为，坚持一周。
- 利用追踪记录，为你的强迫行为设计一个“恐惧阶梯”。
- 识别你身上常见的思维错误并进行“应对声明”练习，每周两次。
- 治疗强迫症最好的方式是：暴露，暴露，暴露！使用“恐惧阶梯”，坚持每天进行暴露练习。
- 制订自我关怀计划，将你喜欢的活动和运动纳入其中。

- 压力会加剧强迫症状。选择一种适合你的正念练习，每周进行 5 次。
- 找出你最常用的应对方式，例如携带应对卡片。

致谢

致我的女儿：莎拉，感谢你出色而仔细的校对和建议；艾玛和汉娜，感谢你们忍受我沉迷写作的时光。我爱你们，也期盼你们能成为聪颖而坚韧的女性，拥有充足的焦虑管理技巧。致约瑟夫：感谢你给予我的精神支持、对家庭的管理和我们十一年的相伴。没有你，我很难在忙碌的日子中抽出时间完成这本书。

致托尼亚·斯沃岑特鲁伯：感谢你推荐我撰写关于正念的内容并给予我指导，感谢你为我的认知行为疗法支持团队提供的比喻、相关技巧和培训。

最后，感谢我的编辑梅格·伊拉斯科，谢谢你在网上找到我，并且信任我有能力完成这本书。向你表达我深切的谢意，是你，让我有机会用另一种方式传递我对临床治疗技巧的理解。